普通高等教育人工智能专业系列教材

Python 编程基础与案例教程

主　编　程显毅　吴　芳

副主编　梁　爽　孙丽丽　孙溢洋　钱兰美　徐欢潇

参　编　沈建涛　吴　敏　朱　敏　任越美　马　建

　　　　郝鹏宇　魏彩颖　杨瑞青　吴云霞

U0255867

机械工业出版社

本书从 Python 编程入门出发，采用理论与实践相结合的方式，通过对编程范式、数据结构、程序调试技术，以及实际应用项目的讲解，帮助读者快速掌握 Python 语言编程基础。

全书共 12 章，第 1～4 章介绍面向过程编程范式（顺序结构、选择结构、循环结构）；第 5 章介绍函数式编程范式；第 6 章介绍面向对象编程范式（类、对象、方法、属性）；第 7～9 章介绍 Python 数据结构（列表、字典、数据框、字符串、文件等）；第 10 章介绍程序调试技术（抛出异常）；第 11、12 章通过实际应用项目带领读者体验 Python 语言编程的两个重要应用场景（爬虫、可视化）。

本书可以作为人工智能相关课程的教材，也可作为 Python 爱好者的参考书。

图书在版编目（CIP）数据

Python 编程基础与案例教程 / 程显毅，吴芳主编. —北京：机械工业出版社，2023.1（2025.2 重印）

普通高等教育人工智能专业系列教材

ISBN 978-7-111-72040-9

Ⅰ. ①P⋯ Ⅱ. ①程⋯ ②吴⋯ Ⅲ. ①软件工具-程序设计-高等学校-教材 Ⅳ. ①TP311.561

中国版本图书馆 CIP 数据核字（2022）第 215867 号

机械工业出版社（北京市百万庄大街 22 号　邮政编码 100037）

策划编辑：汤　枫　　　　　　责任编辑：汤　枫
责任校对：李　杉　张　征　　责任印制：张　博

北京建宏印刷有限公司印刷

2025 年 2 月第 1 版第 3 次印刷

184mm×260mm・15.5 印张・344 千字

标准书号：ISBN 978-7-111-72040-9

定价：59.80 元

电话服务　　　　　　　　　　　　　　网络服务

客服电话：010-88361066　　　　　　机 工 官 网：www.cmpbook.com
　　　　　010-88379833　　　　　　机 工 官 博：weibo.com/cmp1952
　　　　　010-68326294　　　　　　金 书 网：www.golden-book.com
封底无防伪标均为盗版　　　　　　机工教育服务网：www.cmpedu.com

前　言

Python 在机器学习、人工智能、大数据分析领域非常流行，可以说是算法工程师的标配编程语言。随着互联网的发展，Python 在许多领域都表现得非常优秀，它是一门真正意义上的全栈语言，即使目前世界上使用最广泛的 Java 语言，在某些方面与 Python 相比也逊色很多！

对还没有步入编程领域的读者而言，学习一门语言并不困难，难的是如何将语言应用到实际开发中。本书旨在帮助无编程语言基础的读者快速掌握 Python，并熟练应用 Python 解决实际问题。

本书实验环境是 Windows 操作系统，Jupyter Notebook 编译器与 Python 3.6。全书共 12 章，按照语言自身的特点进行内容重组。

第 1~4 章是编程入门，主要介绍 Python 基本语法，包括变量、常量、关键字、运算符、表达式、标准数据类型、系统输入函数和输出函数等。帮助读者养成良好的编程习惯，掌握面向过程编程范式（顺序结构、选择结构、循环结构）。

第 5、6 章介绍代码封装和重用技术的两种编程范式，即函数式编程范式和面向对象编程范式。封装的意义在于保护或者防止代码（数据）被无意破坏。在面向对象程序设计中，数据被看作是一个中心的元素并且和使用它的函数结合得很密切，从而保护数据不被其他函数意外修改。对于软件开发人员而言，代码重用有助于简化和加快软件生产，并解决与业务相关的技术挑战。这部分内容包括函数、类、模块等，由于 Python 是面向对象语言，这些内容尤为重要，同时也是接下来编程应用的主要思路。

第 7~9 章介绍数据结构。为了实现高效的算法，数据组织尤为重要。数据结构包括列表、元组、集合、字典、数据框、字符串和文件等。想要应用 Python 解决实际问题，对数据结构的学习要做到熟练掌握。

第 10 章是比较独立的一章，主要培养基本的调试技能。程序运行出现 bug 是常态，如何精准捕获 bug 是成熟程序员必备的技能。

第 11、12 章介绍了两大应用场景：爬虫和可视化。这是对所学知识的检验，了解实际项目开发过程。项目完整实现了数据采集、数据预处理、数据分析和数据应用的全过程。

本书配有大量丰富的案例，因受篇幅限制，部分案例索引见下表：

案 例 索 引

本书主要特色如下：

1）根据语言自身特性重构知识点。比如，数据结构、字符串章节安排在面向对象章节之后。

2）注重解决实际问题。编写初衷不是让读者"学会"，而是让读者"能做"，无论是案例的选取还是应用场景的介绍都尽量完整、有意义。

3）照顾无编程基础的人群学习。知识点组织尽量以图表形式呈现，帮助读者深刻理解概念的内涵，比如，常量、变量、标识符之间的区别。每一章后都有小结，便于读者掌握重点知识。

4）提供了书中所有的配套代码、数据、PPT 和习题，读者可通过上机实验，快速掌握 Python 语言。

5）对于难点，提供了 78 个微课视频，便于教学和自学。

本书第 1、2 章由吴芳执笔，第 3、4 章由梁爽执笔，第 5 章由孙溢洋执笔，第 6 章由吴敏执笔，第 7 章由徐欢潇执笔，第 8 章由程显毅执笔，第 9 章由钱兰美执笔，第 10 章由沈建涛执笔，第 11 章由朱敏执笔，第 12 章由孙丽丽执笔。其他编者参与资料收集、习题解答、课件制作等。

由于编者水平有限，书中难免会存在不当之处，希望读者多加指教，在此深表感谢！

编　者

目　　录

第1章 面向过程编程范式：顺序结构

虽然计算机可以方便地帮助人们处理许多事情，但是人们必须使用计算机懂得的语言（编程语言）和计算机交流。Python 是一种编程语言，用编程语言编写的一组计算机指令称为程序。无论程序多么复杂，都是由顺序结构、选择结构、循环结构这三大结构构成。

Python 语言由荷兰人 Guido van Rossum 于 1989 年发明，语法简洁、清晰，具有一组功能丰富且强大的类库。

1.1 初识 Python

1.1.1 你的第一个程序：初次见面打招呼

【案例 1.1】 用 Python 实现如图 1.1 所示的初次见面打招呼代码。

图 1.1 初次见面打招呼

【问题分析】

该案例不是直接输出 4 个字符串，而是要求"Josh"是动态输入的信息。

【参考代码】

```
print('Hello Python!')                    #输出'Hello Python!'
person=input('What is your name?')        #等待回答，并将回答结果存入变量
                                           person 中
print("My name is: ",person)
print('Hello,',person,'.')                #输出你的回答
```

【运行结果】

```
Hello Python!
What is your name?Josh
My name is:  Josh
Hello, Josh.
```

【程序说明】

（1）Python 语言的最大优点就是简洁

图 1.2 比较了 C、C++、Java、Python 四种语言实现输出"Hello World!"的代码，明显看出，Python 代码是最简洁的。

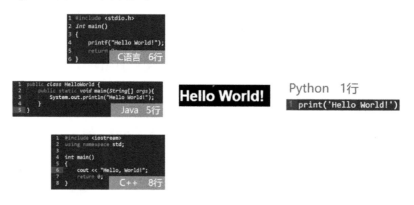

图 1.2　Python 与其他语言比较

（2）程序逻辑

案例 1.1 的程序逻辑如图 1.3 所示。

案例 1.1 程序涉及 Python 的一些术语：常量、变量、表达式、输入函数以及输出函数。

图 1.3 中每个方框或圆角框表示内存中的一块区域；没有输入箭头的方框①②④⑤⑥表示常量；包含输出箭头的方框③表示变量；输入箭头表示输入或存储，输出箭头表示输出或取值；无所指的输出箭头是输出语句，如❶❷❸，记为 print()；输入箭头所指方框没有值，表示动态输入赋值语句，记为 input()。

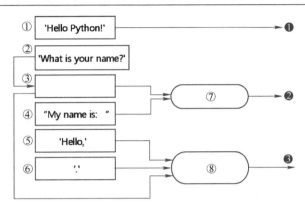

图 1.3　案例 1.1 的程序逻辑

圆角框表示表达式，表达式就是对常量、变量的一种运算。

（3）案例 1.1 是一种顺序结构

顺序结构是最简单的面向过程编程范式，也是最常用的程序结构，只要按照解决问题的顺序写出相应的语句就行。它的执行顺序是自上而下，依次执行。

1.1.2　常量、变量和赋值语句

1.1.1 节非正式地解释了常量和变量，本节将从专业的角度来认识常量和变量。

1. 常量

在程序执行过程中保持不变的量称为常量。常量有很多种类，字符串常量是一种最常用的常量。

1）定义字符串常量：以单引号、双引号和三引号括起的一串字符。如：

```
str1='Hello Python!'
str2="Hello Python!"
str4="""Hello Python!"""
str5='''
    Hello
    Python!
'''
```

注意：三引号可以跨行定义字符串常量。

2）字符串常量存储逻辑结构见表 1.1。

表 1.1　字符串常量“Python”存储逻辑结构

字　符	P	y	t	h	o	n
索引（正）	0	1	2	3	4	5
索引（负）	-6	-5	-4	-3	-2	-1

3）字符串常量中的每个元素称为字符。

4）可以通过索引获取字符串常量元素。如'Hello Python!'[1]返回'e'。注意正向索引从 0 开始，自左向右，负向索引从-1 开始，自右向左。

5）字符串常量的值为去掉引号的部分，如'Hello Python!'的值就是 Hello Python!。

6）其他类型的常量在 2.1.1 节中介绍。

2．变量

在程序执行过程中可以改变的量称为变量。变量和常量的关系如图 1.4 所示。

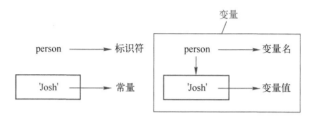

图 1.4　变量和常量的关系

从图 1.4 知道常量是没有输入的，而变量必须有输入。标识符只是一个符号，在无所指时，没有任何意义。一旦标识符有所指，标识符就成为变量名，常量就成为变量的值。变量由变量名和变量值共同组成，是一个整体。

1.1　变量的含义及命名规则

1）标识符：由字母、下画线和数字组成，开头不能是数字。

2）变量名：标识符特例，区分大小写。

3）变量值：存储的内容。

4）变量作用：可通过变量名来访问"存储空间"存储的值，同时节约内存空间，如获取用户输入的内容。如果用户每次输入的内容都用一个常量来存储，则会很麻烦；而且用户每次输入，都要重新输入，这样记录上一次内容的常量就没用了，会占用不必要的内存。

3．赋值语句

在图 1.3 中，包含输入箭头的方框表示赋值语句，如果方框内有值，则表示静态赋值，否则表示动态赋值。

1）语法：变量=表达式。如 person=input('What is your name?')。

2）功能：首先计算赋值运算符"＝"右边的值，然后将该值存入左边变量中。

3）本质：赋值运算的本质是让标识符有所指向，如图 1.5 所示。

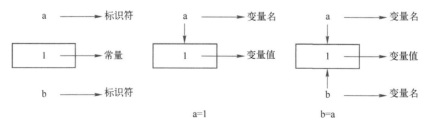

图 1.5　赋值运算示意

a=1 的含义是让 a 指向常量 1，b=a 的含义是让 b 指向 a 所指向的存储单元，b=b+1 示意如图 1.6 所示。

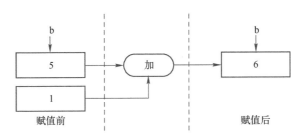

图 1.6　b=b+1 示意图

4）在赋值号右端出现的变量，必须事先置初值，否则会出错。

5）注意：赋值是有方向的，一定从右到左，不可颠倒。

6）允许同时为多个变量赋值。例如，a=b=1。

7）可以同时为多个变量赋不同的值。例如，a,b=1,2。

1.2　赋值语句

1.1.3　输入与输出

程序要实现人机交互，则需要能够向显示器设备输出有关信息及提示，同时也要能够接收从键盘输入的数据。Python 提供了一个标准输入/输出数据函数功能的语句 input() 和 print()。

1．输出函数

语法：print($x_1,x_2,\cdots,x_k$)，如 print('Hello,',person,'.')。

功能：在屏幕上显示 x_i 的值，x_i 可以是任何类型的数据。

扩展：不换行输出，print('Hello,',person,'.',end=" ")；print()表示换行。

2．输入函数

语法：x=input("提示信息：")，执行结果如图 1.7 所示。

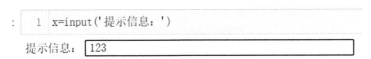

图 1.7　执行 input()结果

功能：接收用户从键盘输入的数据，以字符串形式返回用户输入的信息，通常用在赋值语句中。注意：提示信息是字符串。

作用：动态赋值，如果写成 person='Josh'，就是静态赋值。

1.1.4　编程风格

1）必要的注释。以#开头的内容为"注释"，目的是让读程序的人能理解程序的意图，写程序的人过一阵子再看自己写的代码，也能帮助记起当时的想法。程序执行时会自动忽略#之后的内容。

如果所定义字符串不被赋值，则作为多行注释，如：

```
'''
这是多行注释，用三个单引号
这是多行注释，用三个单引号
这是多行注释，用三个单引号
'''
```

2）不提倡一行多语句。一行一个语句也是一种编程风格。其实一行可以写多个语句，语句之间用分号"；"隔开，但不提倡。

3）见名知意的变量命名方式。要见名知意，即用下画线"_"把每个单词连起来，如 my_name、my_friend_name 等。

4）能用变量则尽量用变量。

1.3 编程风格

1.2 开发环境：Jupyter Notebook

Jupyter Notebook 是一款 Python 编程 Web 环境。

1.2.1 Anaconda安装介绍

1. Anaconda 下载

首先打开 Anaconda 官网，官网首页地址为 https://www.anaconda.com/。

进入官网后单击"Download"按钮即可开始下载。

2. Anaconda 安装

下载完成后得到 Anaconda 安装文件，双击即可开始安装（一般下载完成后会自动打开安装界面，若没有自动打开再单击此安装文件）。

按向导单击"Next"按钮，当出现图 1.8 所示的界面时，这里两个复选框均勾选之后再单击"Install"按钮。

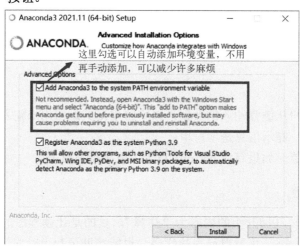

图 1.8　安装 Anaconda（1）

安装最后一步，出现图 1.9 所示的界面时，两个复选框都不勾选。

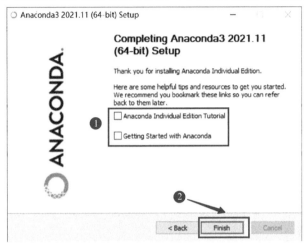

图 1.9　安装 Anaconda（2）

3．测试安装

1）从"开始"菜单启动 Jupyter Notebook（见图 1.10）。

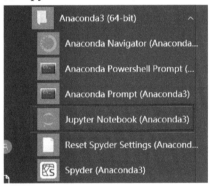

1.4　Anaconda
安装

图 1.10　从"开始"菜单启动 Jupyter Notebook

2）启动 Python 环境（见图 1.11）。

图 1.11　启动 Python 环境

3）Python 环境启动成功（见图 1.12）。

图 1.12　Python 环境启动成功

1.2.2　Python 编辑器介绍

一个 Notebook 的编辑界面主要由 4 部分组成：名称、菜单栏、工具条以及单元格（Cell），如图 1.13 所示。

图 1.13　Notebook 编辑界面

1. 菜单栏

（1）File

菜单栏中 File 的功能见表 1.2。

表 1.2　菜单栏中 File 的功能

选　项	功　能
New Notebook	新建一个 Notebook
Open…	在新的页面中打开主面板
Make a Copy…	复制当前 Notebook 生成一个新的 Notebook
Rename…	Notebook 重命名
Save and Checkpoint	将当前 Notebook 状态存为一个 Checkpoint
Revert to Checkpoint	恢复到此前存过的 Checkpoint
Print Preview	打印预览
Download as	下载 Notebook 存为某种类型的文件
Close and Halt	停止运行并退出该 Notebook

（2）Edit

菜单栏中 Edit 的功能见表 1.3。

表 1.3　菜单栏中 Edit 的功能

选 项	功 能
Cut Cells	剪切单元格
Copy Cells	复制单元格
Paste Cells Above	在当前单元格上方粘贴复制的单元格
Paste Cells Below	在当前单元格下方粘贴复制的单元格
Paste Cells & Replace	替换当前单元格为复制的单元格
Delete Cells	删除单元格
Undo Delete Cells	撤回删除操作
Split Cell	从鼠标位置处拆分当前单元格为两个单元格
Merge Cell Above	当前单元格和上方单元格合并
Merge Cell Below	当前单元格和下方单元格合并
Move Cell Up	将当前单元格上移一层
Move Cell Down	将当前单元格下移一层
Edit Notebook Metadata	编辑 Notebook 的元数据
Find and Replace	查找替换，支持多种替换方式：区分大小写、使用 JavaScript 正则表达式

（3）View

菜单栏中 View 的功能见表 1.4。

表 1.4　菜单栏中 View 的功能

选 项	功 能
Toggle Header	隐藏/显示 Jupyter Notebook 的 logo 和名称
Toggle Toolbar	隐藏/显示 Jupyter Notebook 的工具条
Cell Toolbar	更改单元格展示式样

（4）Insert

菜单栏中 Insert 的功能见表 1.5。

表 1.5　菜单栏中 Insert 的功能

选 项	功 能
Insert Cell Above	在当前单元格上方插入新单元格
Insert Cell Below	在当前单元格下方插入新单元格

（5）Cell

菜单栏中 Cell 的功能见表 1.6。

表 1.6　菜单栏中 Cell 的功能

选　项	功　能
Run Cells	运行单元格内代码
Run Cells and Select Below	运行单元格内代码并将光标移动到下一单元格
Run Cells and Insert Below	运行单元格内代码并在下方新建一单元格
Run All	运行所有单元格内的代码
Run All Above	运行该单元格（不含）上方所有单元格内的代码
Run All Below	运行该单元格（含）下方所有单元格内的代码
Cell Type	选择单元格内容的性质
Current Outputs	对当前单元格的输出结果进行隐藏/显示/滚动/清除
All Output	对所有单元格的输出结果进行隐藏/显示/滚动/清除

（6）Kernel

菜单栏中 Kernel 的功能见表 1.7。

表 1.7　菜单栏中 Kernel 的功能

选　项	功　能
Interrupt	中断与内核连接（等同于快捷键〈Ctrl+C〉）
Restart	重启内核
Restart & Clear Output	重启内核并清空现有输出结果
Restart & Run All	重启内核并重新运行 Notebook 中的所有代码
Reconnect	重新连接到内核
Change kernel	切换内核

（7）Help

菜单栏中 Help 的功能见表 1.8。

表 1.8　菜单栏中 Help 的功能

选　项	功　能
User Interface Tour	用户使用指南，非常棒的功能，带你全面了解 Notebook
Keyboard Shortcuts	快捷键大全
Notebook Help	Notebook 使用指南
Markdown	Markdown 使用指南
Python…pandas	各类使用指南
About	关于 Jupyter Notebook 的一些信息

2. 工具条

工具条功能如图 1.14 所示。

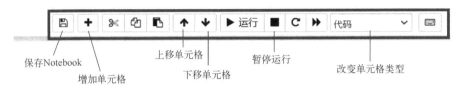

图 1.14　工具条功能

3. 单元格的 4 种功能

图 1.15 所示的单元格有 4 个选项：代码、Markdown、原生 NBConvert 以及标题，这 4 种功能可以互相切换。"代码"用于写代码；"Markdown"用于文本编辑；"原生 NBConvert"中的文字或代码等都不会被运行；"标题"用于设置标题，这个功能已经包含在 Markdown 中。

图 1.15　单元格的 4 个选项

Markdown 用于编辑文本，表 1.9 给出常用的 Markdown 用法。

表 1.9　常用的 Markdown 用法

功　能	实　现	示　例	效　果
标题	文字前面加上#和空格	# 一级标题 ## 二级标题 ### 三级标题	**一级标题** **二级标题** 三级标题
加粗	文本两侧加两个**	**加粗**	**加粗**
斜体	文本两侧各加一个*	*斜体*	*斜体*
无序列表	文本前面加-空格	- 文本 1 - 文本 2	• 文本1 • 文本2
有序列表	文字前面加数字、"."和空格	5. 文本 1 6. 文本 2	5. 文本1 6. 文本2
链接		![百度](https://www.baidu.com)	🖼百度

1.3 Python 的优势及应用场景

Python 常被称为胶水语言，因为它能够把用其他语言编写的模块联结在一起。因此，Python 常见的应用情形是：使用 Python 快速生成程序原型，然后对其中有特别要求的部分用更适合的语言改写。例如，由于 3D 游戏中对图形渲染模块的性能要求比较高，就可以用 C/C++重写，然后封装为 Python 可以调用的类库。

1．Python 优势

Python 已经有 30 多年的历史了，能够经受住历史的考验取决于 Python 自身的优点。下面介绍其一些主要特点：

1）Python 是一种面向对象的解释型计算机程序设计语言，具有丰富和强大的库，Python 已经成为继 Java、C++之后的第三大程序设计语言。

2）Python 拥有强大的生态圈如国内的豆瓣、搜狐、金山、腾讯、盛大、网易、百度、阿里、土豆以及新浪等，注定了它应用广泛。

3）Python 易于学习，相较于其他编程语言而言，它会"更容易一些"。Python 的语言没有多少仪式化的东西，所以就算不是一个 Python 专家，也能读懂它的代码。

4）Python 既支持面向过程的编程也支持面向对象的编程。在"面向过程"的语言中，程序是由过程或仅仅是可重用代码的函数构建起来的。在"面向对象"的语言中，程序是由数据和功能组合而成的对象构建起来的。

2．Python 应用场景

1）常规软件开发：Python 支持函数式编程和面向对象编程，能够承担任何种类软件的开发工作。

2）科学计算：Python 是一门通用的程序设计语言，比 MATLAB 所采用的脚本语言的应用范围更广泛，有更多的程序库的支持。

3）自动化运维：Python 是运维工程师选择的编程语言，在自动化运维方面已经深入人心。

4）云计算：开源云计算解决方案 OpenStack 均是基于 Python 开发的。

5）Web 开发：基于 Python 的 Web 开发框架应用范围非常广，开发速度非常快，学习门槛也较低。

6）人工智能：Python 在人工智能领域内的机器学习、神经网络、深度学习等方面都是主流的编程语言，得到广泛的支持和应用。

7）数据分析：Python 是数据分析的主流语言之一。在大量数据的基础上，可以结合科学计算、机器学习等技术对数据进行清洗、去重、规格化和针对性的分析。

8）爬虫：爬虫是大数据行业获取数据的核心工具。能够编写网络爬虫的 Python 编程是其中的主流之一。

3．谁适合学 Python

1）在校大学生：就业需求迫在眉睫，Python 能帮助在校大学生快速掌握编程能力，提高职业竞争力。

2）人工智能从业者：职业发展寻求新突破，Python 能帮助人工智能从业者掌握数据分析和深度学习能力，提升职场竞争力。

3）传统行业非技术岗：Python 有助于实现自动化办公，告别无意义加班。

4）跨行业转专业：当前市场对 Python 的需求大，是高薪工作必备的重要技能之一。

1.4 本章小结

1）字符串存储逻辑结构。最左索引为 0，最右索引为-1。

2）输出函数 print(输出项)，多个输出项用逗号分开。

3）输入函数 input(['提示信息'])，返回字符串。

4）变量名只能包括字母、数字和下画线，且第一个字符不能是数字。

5）赋值运算符 "=" 用于为变量赋值，Python 中的变量赋值不需要类型声明。

6）不能使用没有进行过赋值的变量。

7）理解变量的作用。

8）养成良好的编程风格。

9）熟练 Jupyter Notebook 的基本操作。

习题 1

一、选择题

1. 下列可作为 Python 变量名的是（　　　）。

  A．1name   B．name_1   C．break   D．a*plv

2. 在 Python 3 中，下列输出变量 a 的正确写法是（　　　）。

  A．print a   B．print(a)   C．print "a"   D．print("a")

3. Python 既可以在 Shell 中执行，也可以存储成以（　　　）为扩展名的文本文件用 Python 解释器执行。

  A．.c   B．.obj   C．.py   D．.exe

4. 字符串是最常用的一种常量，它的每个元素称为（　　　）。

  A．字符   B．字母   C．变量   D．常量

5.（　　　）是大数据行业获取数据的核心工具。

  A．人工智能 B．云计算   C．数据分析 D．爬虫

二、填空题

1. Python 变量名中可以包括下画线、数字和字母，但是不能以（　　　）开头。

2. Jupyter Notebook 是一款 Python 编程（　　　）环境。

3. 在 Python 中，字符串是以双引号或（　　　）括起的一串字符。

4. Python 提供了标准输出函数（　　　）。

5. 以#开头的内容为（　　　），目的是让读程序的人能理解程序的意图。

三、判断题

1．变量使用前不需要赋值。（　　　）

2．变量名大小写不敏感。（　　　）

3．赋值运算一定从左到右，不可颠倒。（　　　）

4．程序执行会自动忽略#之后的内容。（　　　）

四、简答题

1．请简述变量的概念及作用。

2．请简述字符串常量的使用规则。

3．简要概括 Python 的特点及其应用方向。

4．请简述 Python 的应用方向。

第 2 章　数据及运算

数据是有类型的，数据类型由存储内容的形式加以区分，如图 2.1 所示。

3	'3'	3.0	3+0j	[3]	{3}	(3)	(3,)	{3:0}	True
整数 int	字符串 str	浮点数 float	复数 complex	列表 list	集合 set	数组 array	元组 tuple	字典 dict	布尔 bool

图 2.1　数据类型

从图 2.1 可知，同样一个数据可以有多种形式存储，形成了不同的数据类型。本章只介绍整数类型、浮点数类型、复数类型以及布尔类型。

2.1　数据及数据类型

2.1.1　常量再认识

第 1 章了解了字符串常量，除此之外，常量还包括以下几种。

（1）整型常量 int

1）十进制形式，如 18、-175、apple=25。

2）八进制形式，以 0 开头，如 0154。

3）十六进制形式，以 0x 开头，如 0x15F。

（2）浮点型常量 float

1）十进制形式，如 0.0013、-1482.5、egg = 34.15。

2）指数形式，如 0.0013 可表示为 1.3e-3，-1482.5 可表示为-1.4825e3。

（3）复数型常量 complex

1）复数由实数部分和虚数部分组成，一般形式为 x+yj，其中，x 是复数的实数部分，y 是复数的虚数部分，这里的 x 和 y 都是浮点型数，如 2.14j、2.0+12.1j。

2）虚部后缀为 J 或 j。

3）两种创建方式：3+2j、complex(3,2)。

（4）布尔型常量 bool

布尔型只有两个值：True 和 False，也称为逻辑值。实际布尔型是一种特殊的整型，其中 True 对应非 0 整数，False 对应整数 0。布尔型也是一种特殊的整型，其中

True 对应非空字符串，False 对应空字符串。

2.1.2 关键字

似乎变量名就是标识符，其实不然，标识符可以是关键字，但变量名不一定是关键字。Python 关键字见表 2.1。

表 2.1　Python 关键字

False	class	finally	is	return
None	continue	for	lambda	try
True	def	from	nonlocal	while
and	del	global	not	with
as	elif	if	or	yield
assert	else	import	pass	
break	except	in	raise	

2.1.3 数据类型：模拟市场结账抹零行为

变量除了由变量名和变量值组成，变量还有类型，变量类型就是变量值的类型。

和 C、Java 语言不同，Python 变量使用前无须定义数据类型，这一性质称为动态数据类型。

1．查看数据类型

查看数据类型函数 type()，如：

type(3)返回 int；

type(3.0)返回 float；

type(3+0j)返回 complex；

type([3])返回 list；

type(True)返回 bool。

2．数据类型转换

1）布尔型转换：bool(4.2)、bool(" ")、bool("0")返回 True，bool(0)、bool(" ")返回 False。

2）整型数转换：int(True)返回 1，int(False)返回 0，int(3.6)返回 3，int('123')返回 123。

3）浮点数转换：float(3)返回 3.0，float('3.14')返回 3.14。

4）字符串型转换：str(456)返回'456'。

3．快速体验

【案例 2.1】　编写程序，模拟市场结账抹零行为。

【问题分析】

在市场买东西，经常会在结算时，总价可能带有 0.1 元或 0.35 元的零头，摊主会将这些零头抹去。基本思路就是把浮点数转换为整数，关键技术是数据类型转换。

2.2　案例：模拟市场结账抹零行为

假设张三一次购买了 2 斤鸡蛋（单价 5.8 元）、2.5 斤黄瓜（单价 3.2 元）、苹果 5 斤（单价 4.7 元），输出抹零后的总价。

【参考代码】

```
total_money = 2*5.8+2.5*3.2+5*4.7              # 累加总计金额
total_money_str = str(total_money)
print('商品总金额为: ', total_money, '元')
pay_money = int(total_money)                    # 进行抹零处理
pay_money_str = str(pay_money)
print('实收金额为: ', pay_money_str, '元')
```

【运行结果】

```
商品总金额为:  43.1 元
实收金额为:  43 元
```

【程序说明】

1）第 3、6 行说明参考案例 1.1 程序说明。

2）第 1 行是赋值语句，"="为赋值运算符，2*5.8+2.5*3.2+5*4.7 为算术表达式，将计算结果保存到变量 total_money 中。

3）第 2 行是赋值语句，赋值号左侧 str(total_money)完成把数字类型值转换为字符串类型，结果保存到变量 total_money_str 中。第 5 行说明同理。

4）第 4 行是赋值语句，赋值号左侧 int(total_money)完成把字符串类型值转换为整数类型，结果保存到变量 pay_money 中。

2.2　运算符与表达式

2.2.1　运算符

1．算术运算符

Python 常用算术运算符见表 2.2。

表 2.2　Python 常用算术运算符

运算符	说　明	实　例	结　果
+	加	12.45+15	27.45
-	减	5.56-0.26	5.3
*	乘	5*3.6	18.0
/	除法（和数学中的规则一样）	7/2	3.5
//	整除（只保留商的整数部分）	7//2	3
%	取余，即返回除法的余数	7%2	1
**	幂运算/次方运算，即返回 x 的 y 次方	2**4	16，即 2^4

2．逻辑运算符

Python 常用逻辑运算符见表 2.3。

表 2.3　Python 常用逻辑运算符

运算符	表达式	运算规则	实例	结果
and	x and y	如果 x 为 False，返回 x，否则返回 y	3 and 5, 0 and 5	5, 0
or	x or y	如果 x 为 True，返回 x，否则返回 y	3 or 5, 0 or 5	3, 5
not	not x	如果 x 为 True，返回 False，否则返回 True	not 3	False

3．关系运算符

Python 常用关系运算符见表 2.4。

表 2.4　Python 常用关系运算符

运算符	说　明	实例	结　果
==	等于	3==5	False
!=	不等于	3!=5	True
>	大于	3>5	False
<	小于	3<5	True
>=	大于或等于	3>=3	True
<=	小于或等于	3<=3	True

4．赋值运算符

赋值运算符是赋值语句的简化，常用赋值运算符见表 2.5。

表 2.5　Python 常用赋值运算符（假设 a=10，b=20）

运算符	描　述	实例
=	简单的赋值运算符	c = a + b，将 a + b 的运算结果赋值给 c
+=	加法赋值运算符	c += a 等效于 c = c + a
−=	减法赋值运算符	c − a 等效于 c = c − a
*=	乘法赋值运算符	c *= a 等效于 c = c * a
/=	除法赋值运算符	c /= a 等效于 c = c / a
%=	取模赋值运算符	c %= a 等效于 c = c % a
**=	幂赋值运算符	c **= a 等效于 c = c ** a
//=	取整除赋值运算符	c //= a 等效于 c = c // a

5．位运算

位运算符只能用来操作整数类型，它按照整数在内存中的二进制形式进行计算。Python 支持的位运算符见表 2.6。

表 2.6 **Python 支持的位运算符**

运算符	说　　明	适用形式	举　　例
&	按位与	a & b	4 & 5
|	按位或	a | b	4 | 5
^	按位异或	a ^ b	4 ^ 5
~	按位取反	~ a	~ 4
<<	按位左移	a<<b	4<<2，表示整数 4 按位左移 2 位
>>	按位右移	a>>b	4>>2，表示整数 4 按位右移 2 位

假设变量 a = 10，b = 23，即二进制格式 a = 0000 1010，b = 0001 0111。用变量 a 和 b 执行表 2.6 中的位运算符，结果如图 2.2 所示。

```
a          0000 1010              0000 1010              0000 1010
b    &     0001 0111         |    0001 0111         ^    0001 0111
         ──────────              ──────────              ──────────
结果       0000 0010              0001 1111              0001 1101
              a)                     b)                     c)

a    ~     0000 1010              0000 1010              0000 1010
         ──────────
           1111 0101 (补码)    <<  000010 1000        >>  0000 001010
结果      -0000 1011              0010 1000              0000 0010
              d)                     e)                     f)
```

图 2.2 位运算举例

a) a&b 按位与 b) a|b 按位或 c) a^b 按位异或
d) ~a 按位取反 e) a<<2 按位左移 f) a>>2 按位右移

2.3 位运算符
及其表达式

2.2.2 表达式

1. 算术表达式

算术表达式是由算术运算符连接起来的有意义的式子，如表 2.2 中的实例。

（1）快速体验

写出表达如下概念的表达式：

① 取出 345 的个位上的数字：345%10。

② 取出 345 的百位上的数字：int(345/100)或 345//100。

（2）思考

① 写出"取出 345 的十位上的数字"表达式。

② 写出" $\sqrt{(x_1 - x_2)^2}$ "表达式。

2. 逻辑表达式

逻辑表达式是由逻辑运算符连接起来的有意义的式子，如表 2.3 中的实例。

Python 逻辑表达式的值与其他编程语言略有区别，可以是逻辑值，也可以是数值。如：

```
True+True #返回 2
```

思考：计算下列逻辑表达式的值：

① 7 and 1+8

② (7 and 1)+8

③ 7 or 1+8

④ (7 or 1)+8

3．关系表达式

关系表达式是由关系运算符连接起来的有意义的式子。如表 2.4 中的实例，关系表达式的值为逻辑值。

（1）快速体验

写出表达如下概念的表达式：

① x 为偶数：x%2==0

② x 在 0，1 之间：0<=x and x<=1　或　0<=x <=1

③ 字母：(ch>='a' and ch<='z') or (ch>='a' and ch<='z')

④ 闰年：(year%4==0 and year%100!=0) or year%400==0

（2）思考

写出表达如下概念的表达式：

① x 为整数。

② x 为大于 100 的奇数。

4．赋值表达式

赋值表达式是由赋值符连接起来的有意义的式子，如表 2.5 中的实例。

（1）重要赋值表达式

① 递推式：$s_n=s_{n-1}+a_n$。其中，a_n 是序列的通项公式，表示序列的第 n 项，s_n 表示第 n 次累积运算结果。累积运算不一定是"+"，可以是"-""*"等。递推式也可以是多阶递推，如 $s_n=s_{n-1}+s_{n-2}+a_n$。在编程语言中，不能用不同下标表示不同的变量，但如果是一阶递推，s_n、s_{n-1} 可以用同一变量 s 表示，记为 s=s+a，或 s+=a。

② 计数器：0，1，2，3，…。计数器是特殊的递推式，$a_n=1$，记为：s+=1，s 初始值为 0，而递推式 s=s+a，s 的初始值不一定为 0，与问题有关。

（2）快速体验

① 序列 1，3，5，7，…的通项公式：$a_n=2*n-1$

② 序列 1，1，2，3，5，7，12，…的通项公式：$a_n=a_{n-1}+a_{n-2}$ (n>2)

（3）思考

① 写出序列 1/2，1/3，1/5，1/7，…的通项公式。

② 写出序列 1/2，2/3，3/5，5/7，…的通项公式。

2.2.3　运算符优先级

所谓优先级，就是当多个运算符同时出现在一个表达式中时，先执行哪个运算符。例如对于表达式 16+4*2 等价于 16+（4*2），即 Python 会先计算乘法再计算加法，结果为 24；如果希望先计算加法，那就必须加括号：（16+4）*2。Python 常用运算符优先级见表 2.7。

表 2.7　Python 常用运算符优先级

优先级	运算符	名称或含义	使用形式	结合方向	说　　明
1	[]	数组下标	数组名[常量表达式]	左到右	
	()	圆括号	(表达式)/函数名(形参表)		
	.	成员选择（对象）	对象.成员名		
	->	成员选择（指针）	对象指针->成员名		
2	-	负号运算符	-表达式	右到左	单目运算符
	(类型)	强制类型转换	(数据类型)表达式		
	++	自增运算符	++变量名/变量名++		
	—	自减运算符	—变量名/变量名—		
	*	取值运算符	*指针变量		
	&	取地址运算符	&变量名		
	!	逻辑非运算符	!表达式		
	~	按位取反运算符	~表达式		
	sizeof	长度运算符	sizeof(表达式)		
3	/	除	表达式/表达式	左到右	双目运算符
	*	乘	表达式*表达式		
	%	余数（取模）	整型表达式%整型表达式		
4	+	加	表达式+表达式	左到右	双目运算符
	-	减	表达式-表达式		
5	<<	左移	变量<<表达式	左到右	双目运算符
	>>	右移	变量>>表达式		
6	>	大于	表达式>表达式	左到右	双目运算符
	>=	大于或等于	表达式>=表达式		
	<	小于	表达式<表达式		
	<=	小于或等于	表达式<=表达式		
7	==	等于	表达式==表达式	左到右	双目运算符
	!=	不等于	表达式!=表达式		
8	&	按位与	表达式&表达式	左到右	双目运算符
9	^	按位异或	表达式^表达式	左到右	双目运算符
10	|	按位或	表达式|表达式	左到右	双目运算符
11	&&	逻辑与	表达式&&表达式	左到右	双目运算符
12	||	逻辑或	表达式||表达式	左到右	双目运算符
13	?:	条件运算符	表达式 1?表达式 2:表达式 3	右到左	三目运算符

（续）

优先级	运算符	名称或含义	使用形式	结合方向	说　明
14	=	赋值运算符	变量=表达式	右到左	
	/=	除后赋值	变量/=表达式		
	*=	乘后赋值	变量*=表达式		
	%=	取模后赋值	变量%=表达式		
	+=	加后赋值	变量+=表达式		
	-=	减后赋值	变量-=表达式		
	<<=	左移后赋值	变量<<=表达式		
	>>=	右移后赋值	变量>>=表达式		
	&=	按位与后赋值	变量&=表达式		
	^=	按位异或后赋值	变量^=表达式		
	|=	按位或后赋值	变量|=表达式		
15	,	逗号运算符	表达式,表达式,	左到右	从左向右

2.3　本章小结

1）Python 中的数据类型主要包括整型、浮点型和复数型；布尔数据类型只有 "True（真）" 和 "False（假）" 两种值；字符串是以单引号或双引号括起来的任意文本。

2）掌握 Python 常用运算符的使用方法，包括算术运算符、赋值运算符、比较（关系）运算符、逻辑运算符和位运算符等。

习题 2

一、选择题

1. 假设 X=3，Y=5，Z=2，则表达式(X＾2＋Y) / Z 的值是（　　　）。

　　A. 1　　　　　B. 5　　　　　　C. 3　　　　　　D. 2.0

2. 以下选项中能用作 Python 变量名的是（　　　）。

　　A. 3k　　　　　B. -bird-　　　　C. t%ke　　　　D. jet

3. 下列表达式的运算结果是（　　　）。

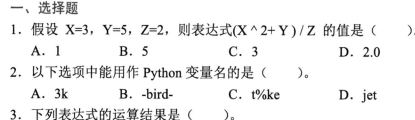

```
>>>a=58
>>>b=True
>>>a+b> 4*13
```

　　A. True　　　　B. -1　　　　　　C. False　　　　D. 0

4. 以下语句正确的是（　　　）。

　　A. X=(y=2)

　　B. a= 3;b='A';a+=b

    C. m=n=p=g=10

    D. x==(y=2)

5. Python 语句 x='car';y= 2,print(x +y)的输出结果是哪一项?（　　　）

    A. 语法错　　　　　　　　　　　B. 2

    C. 'car2　　　　　　　　　　　　D. catcar

6. 下列选项中，不是 Python 关键字的是哪一项?（　　　）

    A. pass　　　　　　　　　　　　B. from

    C. yield　　　　　　　　　　　　D. static

7. 下列选项中，使用 bool()函数测试，值不是 False 的是哪一项? （　　　）

    A. 0　　　　　　B. []　　　　　　C. {}　　　　　　D. −1

8. 假设 x、y、z 的值都是 0，下列表达式中非法的是哪一项?（　　　）

    A. x=y=z=2　　　　　　　　　　B. x,y=y,x

    C. x=(y==z+1)　　　　　　　　D. x=(y=z+1)

9. 下列关于字符串的定义中，错误的是哪一项?（　　　）

    A. "hiPython""

    B. 'hiPython'

    C. "hiPython"

    D. [hiPython]

10. Python 语句 print(type(1/2))的输出结果是哪一项?（　　　）

    A. <class 'int'>

    B. <class 'number'>

    C. <class 'float'>

    D. class <'double'>

二、填空题

1. 数学式 3+(a+b)2 对应的 Python 表达式是（　　　）。

2. 表达式[(x+y)+z]×360−50(c+d)有错误，其正确的形式是（　　　）。

3. 13&9 的结果是（　　　）。

4. 在表达式"x,y,z = 1,'hello','Python,'"中，变量 z 的值是（　　　）。

5. 写出表达 x 为偶数的表达式:（　　　）。

三、判断题

1. Python 逻辑表达式的值是逻辑值。（　　　）

2. 递推式的初始值为 0。（　　　）

3. 变量名可以是关键字。（　　　）

4. Python 必须声明变量类型后才能使用。（　　　）

5. 布尔型是一种特殊的整型，其中 True 对应非 0 整数，False 对应整数 0。

（　　　）

6. 标识符可以是关键字。（　　　）

7．逻辑表达式 True+True 的值为 2。（   ）

四、编程题

1．编写程序，实现输入用户姓名、年龄和地址，然后使用 print()函数输出。

2．编写程序，实现从键盘输入某商品的单价和数量，求出商品的总价并输出。

3．编写程序，根据输入的三角形的三条边长，输出三角形的面积。

第 3 章 面向过程编程范式：选择结构

在解决实际问题时，我们经常会遇到需要根据不同条件选择不同操作的情况，Python 提供了选择结构用于解决这类问题。比如，用户登录时需判断用户名和密码是否全部正确，进而决定用户是否能够成功登录。

if 语句可使程序产生分支，根据分支数量的不同，if 语句分为单分支、双分支和多分支语句，如图 3.1 所示。

图 3.1 选择结构分类

3.1 选择结构的含义及分类

3.1 if-else 选择结构

3.1.1 单分支：有条件结账抹零

1．单分支结构

单分支结构流程如图 3.2 所示。

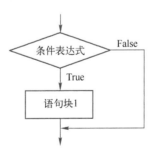

图 3.2 单分支结构流程

2．功能

如果条件为真，则执行语句块 1。

3. 语法

```
if 条件表达式:
    语句块1
```

4. 快速体验

3.2 单分支案例：
有条件结账抹零

【案例 3.1】 编写程序，模拟市场有条件结账抹零行为。

【问题分析】

在案例 2.1 基础上，假设总金额尾数大于 0.5 元，不能抹零。张三一次购买了 3 斤鸡蛋（单价 5.8 元）、2.4 斤黄瓜（单价 3.2 元）、苹果 5 斤（单价 4.7 元），输出抹零后的总价。

【参考代码】

```
total_money = 3*5.8+2.4*3.2+5*4.7          # 累加总计金额
total_money_str = str(total_money)
print('商品总金额为: ', total_money, '元')
temp=total_money
if total_money-int(total_money)<=0.5:
    temp = int(total_money)                 # 进行抹零处理
pay_money_str = str(temp)
print('实收金额为: ' , pay_money_str, '元')
```

【运行结果】

```
商品总金额为:  48.58 元
实收金额为:  48.58 元
```

【程序说明】

1）代码第 4 行，先假设尾数大于 0.5 元的计算策略，引入中间变量 temp 是一种技巧。

2）代码第 5、6 行是单分支结构，在分支体内修改实收总金额 temp。

3.1.2 双分支：判断回文数

1. 双分支结构

双分支结构流程如图 3.3 所示。

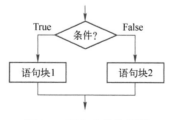

图 3.3 双分支结构流程

2. 功能

如果条件为真执行语句块 1，否则执行语句块 2。

3．语法

```
if 条件表达式:
    语句块 1
else:
    语句块 2
```

4．快速体验

【案例 3.2】 判断回文数。

【问题分析】

设 n 是一任意自然数。若将 n 的各位数字反向排列所得自然数 n1 与 n 相等，则称 n 为一回文数。例如，若 n=1234321，则称 n 为一回文数；但若 n=1234567，则 n 不是回文数。假设 n=3，代码如下。

3.3 双分支案例：判断回文数

【参考代码】

```
palindrome_num = int(input("请输入一个三位数: "))
single = palindrome_num %10
ten = int(palindrome_num / 10 )% 10
hundred = int(palindrome_num /100)
reverse_order = single * 100 + ten * 10 + hundred
if palindrome_num == reverse_order:        #分支结构
    print(palindrome_num,"是回文数")
else:
    print(palindrome_num,"不是回文数")
```

【运行结果】

```
请输入一个三位数: 363
363 是回文数
```

【程序说明】

1）代码第 1 行，强制转化为整型，因为 input()函数返回的是字符串。

2）代码第 2 行，计算除 10 的余数，提取个位数。

3）代码第 3 行，计算除 10 的商相当于小数点左移一位，取整得到前两位，再求除 10 余数，得到前两位数的个位数，即提取十位数。

4）代码第 4 行，计算除 100 的商相当于小数点左移两位，再取整，即提取百位数。

5）代码第 5 行，构造反序的三位数，原个位上数字变成百位上数字，原百位上数字变成个位上数字。

6）代码第 6～9 行是一个双分支结构，判断条件：palindrome_num == reverse_ order。

5．关于编程风格

Python 是使用缩进来区分不同的代码块，所以对缩进有严格要求。

1）缩进不符合规则，解析器会报缩进错误，程序无法运行。

2）缩进的不同，程序执行的效果也有可能产生差异。

例如，图 3.4 中的代码，左边代码会打印第 2 行，而右边代码，1、2 行都不打印。

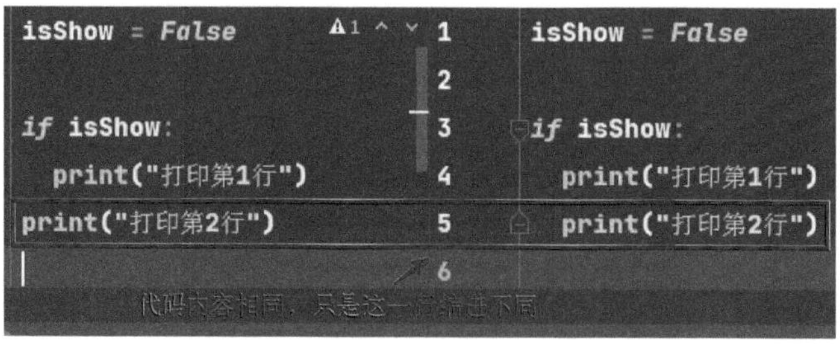

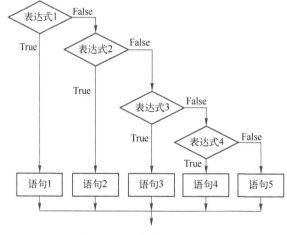

图 3.4　缩进的不同，程序执行的效果也有可能产生差异

3）相同逻辑层（同一个代码块）保持相同的缩进量。

4）":"标记一个新的逻辑层。

5）Python 可以使用空格或制表符（Tab 符）标记缩进。缩进量（字符个数）不限。Python PEP8 编码规范，指导使用 4 个空格作为缩进。

6．思考

1）编程判断 4 位回文数。

2）编程判断 3 位回文数，不提取十位数。

3）在案例 3.2 中，如果第一行修改为 palindrome_num = input("请输入一个三位数：")，该如何修改案例 2.1 程序。

4）用单分支实现案例 3.2。

5）编写程序，要求判断输入密码是否正确，正确输出"密码正确"，否则输出"密码错误"。

3.1.3　多分支：计算应发放奖金

实际问题时常常需要判定一系列的条件，一旦其中某一个条件为真就立刻停止。如果判断的条件有两个以上，则需要多分支语句。

1．多分支结构

多分支结构流程如图 3.5 所示。

图 3.5　多分支结构流程

2．功能

如果表达式 k 为真，则执行语句 k。

3．语法

```
if 表达式1：
    语句1
elif 表达式2：
    语句2
elif 表达式3：
    语句3
    ...
else：
    语句5
```

4．快速体验

【案例3.3】　计算应发放奖金总数。

【问题分析】

企业发放的奖金根据利润提成。利润低于或等于 10 万元时，奖金可提 10%；利润高于 10 万元，低于 20 万元时，低于 10 万元的部分按 10%提成，高于 10 万元的部分，可提成 7.5%；20 万～40 万时，高于 20 万元的部分，可提成 5%；超过 40 万元的部分按 3%提成，从键盘输入当月利润，求应发放奖金总数。

3.4　多分支案例：计算应发放奖金总数

【参考代码】

```
profit = float(input("请输入当月利润，单位为元： "))
if profit <= 100000:
    bonus = profit * 0.1
elif 100000 < profit and profit <= 200000:
    bonus = 100000 * 0.1 + (profit - 100000) * 0.075
elif 200000 < profit and profit <= 400000:
    bonus =100000 * 0.1 + 100000 * 0.075 + (profit - 200000) * 0.05
elif profit >400000:
    bonus = 100000 * 0.1 + 100000 * 0.075 +200000 * 0.05 +(profit -
400000) * 0.03
print('当月应发放奖金总数为%s 元' % bonus)
```

【运行结果】

```
请输入当月利润，单位为元： 48000
当月应发放奖金总数为4800 元


请输入当月利润，单位为元： 480000
```

当月应发放奖金总数为 29900.0 元

【程序说明】

1）程序是四分支结构。

2）200000 < profit　and　profit <= 400000　等价于 200000 < profit <= 400000。

3）代码第 7 行，100000 * 0.1 + 100000 * 0.075 + (profit−200000) * 0.05 的含义是：假设利润是 23 万，10 万元奖金为 1 万元，去掉 10 万后的 10 万元奖金为 7500 元，剩下的 3 万元的奖金为 1500 元。

4）代码最后一行，第 1 个%s 表示格式化一个对象为字符，占位符；第 2 个%表示转换。

5．思考

1）程序在什么情况下出错？如何修改？

2）程序可否优化？

3）去掉代码最后一行的%，如何修改程序？

3.1.4　分支嵌套：快递计费系统

1．分支嵌套伪代码

如果分支语句块仍包含分支，则称为分支嵌套（见图 3.6）。分支嵌套伪代码如下：

图 3.6　分支嵌套

```
if 表达式 1：
  语句 1
else：
  if 表达式 2：
    语句 2
  else：
    if 表达式 3：
      语句 3
    else：
      if 表达式 4：
        语句 4
```

```
    else:
        语句 5
```

2. 快速体验

【案例 3.4】 快递计费系统。

【问题分析】

快递行业的高速发展，使得人们邮寄物品变得方便快捷。某快递点提供快递计费服务见表 3.1。

3.5　分支嵌套案例：快递计费系统

表 3.1　计件价目表

地区编号	首重/元（≤2kg）	续重/（元/kg）
华东地区（01）	13	3
华南地区（02）	12	2
华北地区（03）	14	4

本案例要求根据表 3.1 提供的数据进行编程，实现快递计费系统。

【参考代码】

```python
weight = float(input("请输入快递重量: "))
print('编号 01: 华东地区 编号 02: 华南地区 编号 03: 华北地区')
place = input("请输入地区编号: ")
if weight <= 2:
    if place == '01':
        print('快递费为 13 元')
    else:
        if place == '02':
            print('快递费为 12 元')
        else:
            if place == '03':
                print('快递费为 14 元')
else:
    excess_weight = weight - 2
    if place == '01':
        many = excess_weight * 3 + 13
        print('快递费为%.1f元' % many)
    else:
        if place == '02':
            many = excess_weight * 2 + 12
            print('快递费为%.1f元' % many)
```

```
        else:
            if place == '03':
                many = excess_weight * 4 + 14
                print('快递费为%.1f元' % many)
```

【运行结果】

请输入快递重量: 2.6
编号 01: 华东地区 编号 02: 华南地区 编号 03: 华北地区

请输入地区编号: 02
快递费为 13.2 元

【程序说明】

1）注意：多分支和分支嵌套在功能上没有区别，只是形式的区别。

2）print('快递费为%.1f元' % many)按格式输出第 1 个%号是占位符，.1f 表示保留一位小数，第 2 个%后的变量表示占位值。

3．思考

用分支嵌套实现案例 3.3。

3.2　三元操作选择结构

1．语法

```
num1 if (条件表达式) else num2
```

2．功能

条件表达式为真时，输出 num1，条件表达式为假时，输出 num2。

3．快速体验

```
s=input("请输入一个数: ")
print("s是小于10的数字" if int(s)<10 else "s是大于或等于10的数字")
```

运行结果：

请输入一个数: 25
s是大于或等于10的数字

3.3　本章小结

分支结构思维导图如图 3.7 所示。

大多数的合法表达式都是可以作为选择结构的条件，如条件表达式、逻辑表达式、关系表达式和算术表达式等。

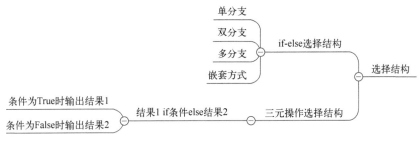

图 3.7 分支结构思维导图

习题 3

一、选择题

1. 能正确表示"当 x 的取值在[1,10]或[200,300]范围内为真，否则为假"的表达式是（　　）。

    A．(x>=1) and (x<=10) and (x>=200) and (x<=300)

    B．(x>=1) or (x<=10) or (x>=200) or (x<=300)

    C．(x>=1) and (x<=10) or (x>=200) and (x<=300)

    D．(x>=1) or (x<=10) and (x>=200) or (x<=300)

2. 以下 if 语句语法正确的是（　　）。

A．if(x>0) print(x)	B．if x>0	C．if x>0:	D．if x>0:
else print(-x)	print(x)	print(x)	print(x)
	else print(-x)	else print(-x)	else:print(-x)

3. 执行以下程序，输出结果为（　　）。

```
if 0 and 8:
    print("aaa")
else:
    print("bbb")
```

    A．aaa   B．bbb   C．没有输出   D．语法错

4. 已知 x=10，y=20，z=30；以下语句执行后 x，y，z 的值是（　　）。

```
if x < y:
    z=x
    x=y
    y=z
```

    A．10，20，30   B．10，20，20

    C．20，10，10   D．20.10.30

5. 执行下列 Python 语句将产生的结果是（　　）。

```
x=2
y=2.0
```

```
if(x==int (y)):
    print("Equal")
else:
    print("No Equal")
```

  A. Equal   B. No Equal

  C. 编译错误   D. 运行时错误

6. 下列 Python 程序的运行结果是 （ ）。

```
x=0
y=True
print(x>y and 'A'<'B')
```

  A. True   B. False   C. 0   D. 1

7. 表达式 print("{:.2f}".format(20-2**3+10/3**2*5))的结果是 （ ）。

  A. 17.55   B. 67.56   C. 12.22   D. 17.56

8. 以下程序的输出结果是 （ ）。

```
a = 30
b = 1
if a >=10:
    a = 20
elif a>=20:
    a= 30
elif a>=30:
    b = a
else :
    b = 0
print('a={},b={}'.format(a, b))
```

  A. a=30，b=1   B. a=30，b=30

  C. a=20，b=20   D. a=20，b=1

9. 关于 Python 的分支结构，以下选项中描述错误的是（ ）。

  A. 分支结构使用 if 保留字

  B. Python 中 if-else 语句用来形成二分支结构

  C. Python 中 if-elif-else 语句描述多分支结构

  D. 分支结构可以向已经执行过的语句部分跳转

10. 以下关于程序控制结构描述错误的是（ ）。

  A. 在 Python 的程序流程图中可以用处理框表示计算的输出结果

  B. 二分支结构是用 if-else 根据条件的真假，执行两种处理代码

  C. 多分支结构是用 if-elif-else 处理多种可能的情况

  D. 单分支结构是用 if 保留字判断满足一个条件，就执行相应的处理代码

二、填空题

1. 执行以下程序, 输出结果为 (　　　)。

```
a,b=18,10
if a>b:
    c=a
    a=b
    b=c
print(a,b)
```

2. x 表示能被 3 或 5 整除的数, 其表达式为 (　　　)。

3. 已知 A=6, B=1, C=4, 表达式 A>B and C>A or A<B and C>B 的值是 (　　　)。

4. 程序的运行结果是 (　　　)。

```
x=10
y=20
z=30
if x<y:
    z=x
    x=y
    y=z
print(x,y,z)
```

5. 以下程序对输入的两个整数, 按从小到大的顺序输出, 请在 (　　　) 内填空。

```
a=int(input("输入 a 的值: "))
b=int(input("输入 b 的值: "))
if
(    ①    ):
    t=a
    a=b
    (  ②  )
print(a,b)
```

6. 语句 not(3>5 and 5<7 or 8+9<23) 的输出结果是 (　　　)。

7. (　　　) 语句是 else 语句和 if 语句的组合。

8. 分支结构分为单分支、双分支和 (　　　)。

9. Python 是使用 (　　　) 来区分代码块, 不同的代码块, 程序执行的效果也有可能产生差异。

10. 如果分支语句块仍包含分支, 则称为 (　　　)。

三、判断题

1. 在 Python 中没有 switch-case 语句。(　　　)

2．每个 if 条件后面都要使用冒号。（　　　）

3．elif 可以单独使用。（　　　）

4．Python 对缩进没有严格要求。（　　　）

5．多分支和分支嵌套在功能上没有本质区别。（　　　）

四、编程题

1．编写程序，实现判断用户输入账号、密码是否正确。

提示：预先设定一个账号和密码，如果账号和密码都正确，就显示"Hello Python"，否则，显示账号或密码输入有误。

2．编写程序，输入年份，判断其是不是闰年。

3．编写程序，随机产生一个 0~300 之间的整数，玩家竞猜，若猜中，则提示 Bingo；若猜大了则提示 Too large；否则，提示 Too small。

4．请使用嵌套的 if 结构实现符号函数（sign function），符号函数的定义如下：

$$\mathrm{sgn}(x) = \begin{cases} -1, & x < 0 \\ 0, & x = 1 \\ 1, & x > 0 \end{cases}$$

5．编写程序，输入身高和体重，求身体质量指数 BMI，并判断胖瘦。

提示：输入身高（m）与体重（kg）两个数，计算 BMI。计算公式是 BMI=体重/身高的二次方。BMI 是目前国际上常用的衡量人体胖瘦程度及是否健康的一个标准。BMI 的值在 18.5~23.9 之间则比较健康，比此值小则认为偏瘦，比此值大则认为偏胖。

第4章 面向过程编程范式：循环结构

在解决实际问题时，我们经常会遇到需要重复处理相同或相似操作的情况。Python 提供了循环语句用于解决这类问题。

4.1 for 循环

[二维码] 4.1 循环结构的含义及分类

4.1.1 基本 for 循环：重复打印一句话 100 遍

【案例 4.1】 重复打印一句话 100 遍。

【问题分析】

两个情侣吵架，男友向女友道歉，保证下次再也不吵了，女友原谅了男友，但让男友在计算机上输出 100 遍"亲爱的，我错了"。如果男友不是程序员，就只能如图 4.1 所示，输入 100 遍，print("亲爱的，我错了！")，如果男友是程序员就只需输入两行代码，如图 4.2 所示。

[二维码] 4.2 基本 for 循环：重复打印一句话 100 遍

图 4.1 非程序员的道歉

图 4.2 程序员的道歉

【参考代码】

```
for x in range(100):
    print("亲爱的，我错了！")
```

【运行结果】

案例 4.1 运行结果如图 4.3 所示。

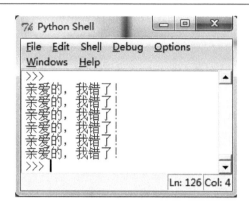

图 4.3　案例 4.1 运行结果

【程序说明】

1）循环结构流程图如图 4.4 所示。

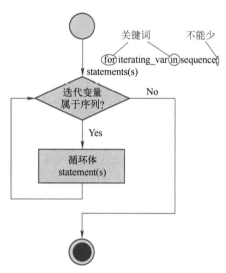

图 4.4　循环结构流程图

2）功能：循环语句允许执行循环体多次，从序列第一个元素开始，直到最后一个元素结束。循环体可以是一个语句，也可以是多个语句。

3）语法

```
for i in sequence:
    循环体
```

① 循环体严格缩进（4 个空格）书写。

② 序列可以表示为[a1,a2,…,an]、{a1,a2,…,an}、（a1,a2,…,an）、字符串或 range（begin，end，step）。

③ range(begin,end,step)产生从 begin 开始到 end-1，步长为 step 的序列，如 range(1,10,3)返回序列[1,4,7]。

④ 序列元素可以通过索引获取，如 List=[2,5,9,13]，则 List[1]返回 5。

4）成员运算符见表 4.1。

表 4.1 成员运算符

运算符	说 明	实 例	结 果
in	如果在指定的序列中找到值返回 True，否则返回 False	5 in [1,5,8] 3 in [1,5,8]	True False
not in	和 in 相反	5 not in [1,5,8] 3 not in [1,5,8]	False True

4.1.2 for-else 循环：素数判定

1. 语法

在 Python 中，for 循环可以连接 else 使用，语法格式为

```
for 循环条件:
    循环体
else:
    代码块
```

即如果循环体里的内容全部执行完后，就会执行 else 里的"代码块"，如果 for 循环被打断，则不会执行"代码块"。所以，去掉"else"和不去掉"else"功能不同。

2. 快速体验

【案例 4.2】 素数判定。

【问题分析】

素数是没有真因子的正整数，100 内素数如图 4.5 所示。

4.3 for-else 循环：素数判定

素数表
（100以内的数）

2	3	5	7	11
13	17	19	23	29
31	37	41	43	47
53	59	61	67	71
73	79	83	89	97

图 4.5 100 内素数

【参考代码】

```
n = int(input("please enter the number: "))
for i in range(2, n):
    if n % i == 0:
        print("%d is not a prime number! " % n)      # 找到整除因子
        break
```

```
else:
    print("%d is a prime number! " % n)
```

【运行结果】

```
please enter the number: 17
17 is a prime number!
```

【程序说明】

1）此循环功能是发现真因子。

2）这里使用了一种技巧——引入了一个标志变量 flag，如果不用标志变量，应如何修改程序？

4.2 while 循环结构

4.2.1 while 循环：累加和

【案例 4.3】 累加和。计算 S=1+2+3+…+100。

【问题分析】

如果求和项比较少，比如求：S=1+2+3+4，两行代码就可以了（读者自行思考），这是一种没有计算思维的程序，是硬代码，灵活性差。利用循环解决"累加和"问题，需要一种计算思维。把问题描述为 $S_n=S_{n-1}+a_n$，其中，a_n 是通项表达式，就案例 4.3 而言，$a_n=n$ "累加和"问题可描述为"前 n 项和等于前 n-1 项和加上第 n 项"。不用循环展开写，如下：

$S_1=S_0+1;$	S=S+1;	n=n+1;S=S+n;
$S_2=S_1+2;$	S=S+2;	n=n+1;S=S+n;
$S_3=S_2+3;$	S=S+3;	n=n+1;S=S+n;
…	…	…
$S_{100}=S_{99}+100;$	S=S+100;	n=n+1;S=S+n;

左侧是数学思维，右侧是计算思维。虽然数学思维易懂，但计算思维比数学思维有明显优势，只需要一个变量，中间结果不需要保存，能够节省空间。

问题是 S_0=? 或 S 的初始值是多少？n 的初始值是多少？很明显初始 S=0，n=0。

计算思维带来的最大好处是，可以使用循环实现，因为中间计算过程都是一样的。

经过处理，该问题只需要两个变量、一个常量。

【参考代码】

```
s=0
n=0
while n<100:
```

```
    n=n+1
    s=s+n
print(" 1+2+…+100=%d" % s)
```

【运行结果】

```
1+2+…+100=5050
```

【程序说明】

1）while 循环结构如图 4.6 所示。

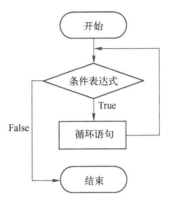

图 4.6 while 循环结构

2）功能：while 循环语句是"先判断，后执行"。如果刚进入循环时条件就不满足，则循环体一次也不执行。还需要注意的是，一定要有语句修改判断条件，使其有为假的时候，否则将出现"死循环"。

3）语法：

```
while 判断条件：
    循环体
```

4）计算思维给我们如下启示：

① 尽量少用变量。

② 能不用常量尽量不用。

5）计数器和累加器

① 计数器：n=n+1。

② 累加器：$S=S+a_n$。

小贴士：计数器变量和累加器变量必须赋初值，一般为 0。

6）思考

① 如果初始值 S=1，如何修改程序？

② 如果求 100 以内偶数和，如何修改程序？

③ 如果程序功能改为"累乘"，如何修改程序？

④ 如果初始值 n=1，如何修改程序？

4.2.2 break 和 continue：条件累加和

1．break 语句

（1）描述

可以使用 break 语句跳出循环体，而去执行循环下面的语句。在循环结构中，break 语句通常与 if 语句一起使用，以便在满足条件时跳出循环（见图 4.7）。

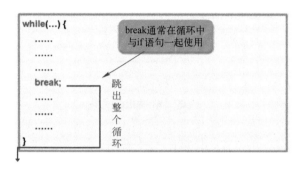

图 4.7　break 语句逻辑

（2）快速体验

【案例 4.4】　条件累加和。计算满足条件的最大整数 n，使得 1+2+3+⋯+n<=10000。

【问题分析】

循环次数未知（累加和的项数未知），只能用 while 循环。

4.5　break 和 continue：条件累加和

【参考代码】

```
n=1                    #计数器变量赋初值为1
S=0                    #累加器变量赋初值为0
while True:            #无限循环
    S+=n               #求和，将结果放入S中
    if S>10000:        #当S>10000时
        break          #跳出循环
    n+=1               #修改累加器
print("最大整数 n 为",n-1,",使得 1+2+3+⋯+n<=10000。")
```

【运行结果】

最大整数 n 为 140，使得 1+2+3+⋯+n<=10000。

【程序说明】

1）因为计数器在累加器后，所以输出为 n-1。

2）无限循环的循环体内必须包含 break 语句。

2．continue 语句

（1）描述

有时并不希望终止整个循环的操作，而只希望提前结束本次循环，接着执行下次循

环，这时可以用 continue 语句。与 break 语句不同，continue 语句的作用是结束本次循环，即跳过循环体中 continue 语句后面的语句，开始下一次循环（见图 4.8）。

图 4.8　continue 语句逻辑

（2）快速体验

输出 1～20 之间所有的奇数。

```
for n in range(1,21):        #循环，n 的取值为 1～20
    if n%2==0:               #判断 n 是否为偶数
        continue             #当 n 为偶数时跳出本次循环
    else:                    #当 n 为奇数时输出 n 的值
        print(n)
```

思考：如果不用 continue，如何修改程序？

4.3　嵌套循环：字符图形

1. 描述

在一个循环体语句中又包含另一个循环语句，称为循环嵌套。内嵌的循环中还可以嵌套循环，这就是多层循环。

在嵌套循环中，迭代次数将等于外循环中的迭代次数乘以内循环中的迭代次数。在外循环的每次迭代中，内循环执行其所有迭代。对于外循环的每次迭代，内循环重新开始并在外循环可以继续下一次迭代之前完成其执行。嵌套循环通常用于处理多维数据结构。

各循环必须完整包含，相互之间不允许有交叉包含。

2. 快速体验

【案例 4.5】　输出字符图形。每行输出 10 个"＊"，输出 4 行。

【问题分析】

第一步，用 j 循环控制列 1～10，每列打印一个"＊"。

第二步，换行。

第三步，用 i 循环控制行 1～4。

【参考代码】

4.6　嵌套循环：字符图形

```
for i in range(4):
```

```
    for j in range(10):
        print("*",end="")
    print()
```

【运行结果】

```
**********
**********
**********
**********
```

【程序说明】

1）这是个两层嵌套循环（见图 4.9）。

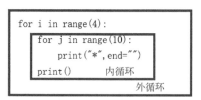

图 4.9　嵌套循环

2）内循环控制输出的列数，打印一行 10 个"*"。

3）外循环控制输出的行数。

4）内循环体的 print 参数 end=""，表示不换行输出。

5）外循环体的 print 无参表示换行。

3．拓展

复杂的字符图形如图 4.10 所示。

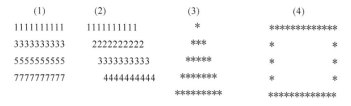

图 4.10　复杂的字符图形

参考代码如下。

（1）

```
for i in range(4):
    for j in range(10):
        print(2*i+1,end="")
    print()
```

（2）

```
for i in range(4):
    for k in range(i):
```

```
        print(" ",end="")
    for j in range(10):
        print(i+1,end="")
    print()
```
（3）
```
for i in range(5):
    for k in range(6-i):
        print(" ",end="")
    for j in range(2*i+1):
        print("*",end="")
    print()
```
（4）
```
for i in range(5):
  print("*",end="")
  for j in range(11):
      if i==0 or i==4:
          print("*",end="")
      else:
          print(" ",end="")
  print("*",end="")
  print()
```

4.4　本章小结

循环思维导图如图 4.11 所示。

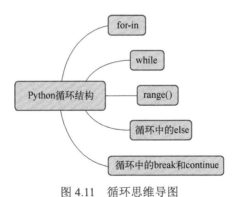

图 4.11　循环思维导图

1）Python 中循环分为 while 和 for-in。

2）循环：有条件地重复做相似的事情。

3）构造循环四要素：初始状态、循环条件、要重复做的事情和循环控制。

4）死循环就是循环条件永远满足的一种循环。死循环不是 bug，是程序的一种特殊运行状态，程序员可以用死循环做很多事情。

5）在循环嵌套中，外层循环每执行一次，内层循环要全部执行完成。

6）有指定的范围时通常使用 for 循环，否则用 while 循环。

习题 4

一、选择题

1．for 循环描述错误的是（   ）。

    A．for   x in range(10):print(x)   B．for (x) in range(10):print(x)

    C．for   x in range(10):   D．for   x in range(10):

            print(x)   print(x)

2．range 函数错误的描述是（   ）。

    A．range(5)   B．range(1,5)   C．range(-5:3)   D．range(-5)

3．下列程序段执行后，输出结果是（   ）。

```
n=1
s=1
while n<5:
    s=s*n
    n=n+1
print(s)
```

    A．24   B．10   C．120   D．15

4．下面程序段的循环次数是（   ）。

```
k=0
while k<10:
    if k<1:
        continue
    if k==5:
        break
    k+=1
```

    A．5   B．6

    C．4   D．死循环，不能确定循环次数

5．下列程序段执行后，输出结果是（   ）。

```
for n in range(1,5,5):
    print(n)
```

    A．1   B．2   C．5   D．4

6．以下关于控制语句描述错误的是（   ）。

A．在 Python 中可以用 if-elif-elif-结构来表达多分支选择

B．在 Python 中 elif 关键词可以用 else if 来等价替换

C．Python 中的 for 语句可以在任意序列上进行迭代访问，例如列表、字符串和元组

D．while True 循环是一个永远不会自己停止的循环，可以在循环内部加入 break 语句，使得内部条件满足时终止循环

7．以下关于 Python 的控制结构的说法中正确的有（ ）。（多选）

A．布尔运算符有一个很有趣的短路逻辑特性，即表达式 x and y 当 x 为假时，会直接返回 False，不会去计算 y 的值

B．if 语句的执行有一个特点，它是从上往下判断，如果在某个判断上是 True，则执行该判断对应的语句，忽略剩下的 elif 和 else 子句

C．在 while 和 for 循环中，continue 语句的作用是停止当前循环，继续循环体下面的语句

D．在 while 和 for 循环中，break 语句的作用终止当前循环，重新进入循环

8．以下循环体中（ ）无法循环迭代 5 次。

A.
```
a =0
while a<5:
  a+=1
```

B.
```
for a in range(5):
  print(a)
```

C.
```
for a in range(1,5,1):
  print(a)
```

D.
```
iters =[1, 2,3, 4, 5]
for a in iters:
  print(a)
```

9．以下程序的执行结果是（ ）。
```
i=1
while i%3 :
  print(i, end =''),
  if i>=10 :
    break
  i+=1
```
A. 1 2 4 5 7 8   B. 3 6 9   C. 1 2 3 4 5 6 7 8 9   D. 1 2

10．以下程序的执行结果是（ ）。
```
for i in range(1,10,2):
  if i%5==0:
    print("Bingo!")
```

```
    break
else :
    print(i)
```

  A．Bingo!   B．5   C．9   D．10

二、填空题

1．执行以下程序，输出结果为（   ）。

```
S=0
for i in range(5):
  S+=i
print(S)
```

2．执行以下程序，输出结果为（   ）。

```
S=0
for i in range(5):
    S+=i
    print(S)
```

3．以下程序输出如图4.12所示九九乘法表，完善程序。

```
for i in range(_____,10):
    for j in range(1,_____):
        print(f'{i}x{j}={_____}', end='\t')
        #print(j,"x",i,"=",j*i,end="\t")

    _____
```

```
1×1=1
1×2=2 2×2=4
1×3=3 2×3=6 3×3=9
1×4=4 2×4=8 3×4=12 4×4=16
1×5=5 2×5=10 3×5=15 4×5=20 5×5=25
1×6=6 2×6=12 3×6=18 4×6=24 5×6=30 6×6=36
1×7=7 2×7=14 3×7=21 4×7=28 5×7=35 6×7=42 7×7=49
1×8=8 2×8=16 3×8=24 4×8=32 5×8=40 6×8=48 7×8=56 8×8=64
1×9=9 2×9=18 3×9=27 4×9=36 5×9=45 6×9=54 7×9=63 8×9=72 9×9=81
```

图4.12   九九乘法表

4．下面程序功能是求 s=1+2+3+…+100 的和，完善程序：

```
s=_____
for x in range(_____)
    s=s+_____
print("s=",s)
```

5．执行如下程序，结果为（   ）。

```
x=3
for x in range(1,5):
    print(x,end="")
```

6. 当不知道循环次数时一般用（　　　）循环。

7. 以下程序，求 1! +2! +…+8!，完善程序。

```
_____ =0
for  i in range(1,8):
        y= _____
        for j in range(1,i)
            y*= _____
        s+= _____
print(_____)
```

8. 若循环 A 的次数为 n，循环 B 的次数为 m，且循环 A 和循环 B 为嵌套循环，则总循环次数为（　　　）。

9. 若循环 A 的次数为 n，循环 B 的次数为 m，且循环 A 和循环 B 为并列循环，则总循环次数为（　　　）。

10. 下面程序的输出结果是（　　　）。

```
i,j,k=1,3,5
while i!=0:
    if i%j==0:
        if i%k==0:
            print(i)
            break
    i=i+1
```

三、判断题

1. 循环控制变量一定要初始化。（　　　）

2. 循环体可以是一个语句，也可以是多个语句。（　　　）

3. for 循环不可以连接 else 使用。（　　　）

4. while 循环语句是"先执行，后判断"。（　　　）

5. 计数器变量和累加器变量必须赋初值，一般为 1。（　　　）

6. 可以使用 continue 语句跳出循环体，而去执行循环下面的语句。（　　　）

7. break 语句的作用是结束本次循环，即跳过循环体中 continue 语句后面的语句，开始下一次循环。（　　　）

8. 在一个循环体语句中又包含另一个循环语句，称为循环嵌套。（　　　）

9. 在嵌套循环中，在外循环的每次迭代中，内循环执行其所有迭代。（　　　）

10. 在嵌套循环中，各循环相互之间可以有交叉包含。（　　　）

四、编程题

1. 用以下程序实现 5!，如何修改程序？

```
S=0
for i in range(5):
    S+=i
```

```
print(S)
```

2. 输出 1/1+1/2+…+1/10000 的和。

3. 使用 while 循环输出 2～100 之间的素数（只能被 1 和自己整除的自然数）。

4. 用 for 循环实现案例 4.3。

5. 编程实现如下图形：

```
1111111111
2222222222
3333333333
4444444444
```

6. 编程实现如下图形：

```
123456789
123456789
123456789
123456789
```

7. 编程实现如下图形：

```
   *
  ***
 *****
*******
```

8. 编程实现如下图形：

```
**********
 *********
  *******
   *****
```

9. 验证"角谷猜想"。提示："角谷猜想"是指将一个自然数按一个简单规则进行运算：若自然数为奇数，则乘 3 并加 1；若自然数为偶数，则除以 2，将得到的数继续按该规则重复运算，最终可得到 1。

10. 编程输出以下图形：

```
                  1
                1   1
              1   2   1
            1   3   3   1
          1   4   6   4   1
        1   5  10  10   5   1
      1   6  15  20  15   6   1
    1   7  21  35  35  21   7   1
  1   8  28  56  70  56  28   8   1
1   9  36  84 126 126  84  36   9   1
1  10  45 120 210 252 210 120  45  10   1
1  11  55 165 330 462 462 330 165  55  11   1
```

第5章 函数式编程范式

在实际开发过程中，经常会遇到很多完全相同或者非常相似的操作，这时，可以将实现类似操作的代码封装为函数（模块），然后在需要的地方调用该函数。这样不仅可以实现代码的复用，还可以使代码更有条理性，增加代码的可靠性。

函数是一段具有特定功能的、可重复使用的代码段，它能够提高程序的模块化和代码的复用率。

Python 提供了很多内建函数，如系统函数 print()、input() 和 int()函数等；数学函数 sqrt()、abs()函数等。用户还可以自己编写函数，称为自定义函数。

5.1 函数定义和调用

5.1.1 函数定义

1. 函数定义语法

函数定义语法如图 5.1 所示。

图 5.1 函数定义语法

2. 说明

1）使用 def 关键字来定义函数。

2）函数名命名遵守变量命名规范。

3）函数名后的圆括号内是形式参数列表（简称形参），形参列表是调用该函数时传递给它的值，可以有零个、一个或多个，当传递多个参数时各参数之间由逗号分隔。

4）函数体是函数每次被调用时执行的代码，由一行或多行语句组成。

5）即使该函数不需要接收任何参数，定义时也必须保留一对空的圆括号。

6）括号后面的冒号不能省略。

7）函数体相对于 def 关键字必须遵守缩进规范。

8）空函数定义如下：

```
def Person():
    pass
```

3．函数返回值

函数使用 return 语句传递返回值。

1）return 语句可以同时返回零个、一个或多个结果到函数被调用处。

2）若不需要返回值，可以省略 return 语句。

3）如果函数没有 return 语句，Python 将认为该函数以 return None 结束，即返回空值。

4．快速体验

定义两个数相加求和的函数：

```
def add_num(a,b):
    c=a+b
    return(c)
```

5．说明

若函数的参数列表为空，则这个函数称为无参函数。

5.1.2　函数调用：验证哥德巴赫猜想

定义了函数后，就相当于有了一段具有特定功能的代码，要想执行这些代码，需要调用函数。

1．无返回值函数调用的一般形式

（1）语法

```
函数名()
```

（2）说明

即便是无参函数，调用时也必须保留一对空的圆括号。

2．有返回值函数调用的一般形式

调用带有参数的函数时需要传入参数，传入的参数称为实际参数，简称实参。实参是程序执行过程中真正会使用的参数，语法格式如下：

5.1　函数的定义和调用

```
变量=函数名([实参列表])，如 add_num(3,5)
```

3．快速体验

【案例 5.1】　验证哥德巴赫猜想。即"大于 6 的偶数都可以被拆分成两个素数相加。"

【问题分析】

输出样例 24 = 5 + 19，基本思路如下：

1）输入一个大于 6 的偶数 n。

2）拆分 n 为两部分 p 和 q。

3）判断 p 和 q 是否为素数。

4）如果 p 和 q 都是素数，则输出 n=p+q，退出程序。

5）如果 p 和 q 有一个不是素数，则重复 2）～5）。

因为拆分次数未知，所以主循环为 while 循环，核心是两次素数判定，把素数判定封装为一个模块是自然的想法，暂且认为封装的函数为 prime(n)，得到大致的流程如图 5.2 所示。

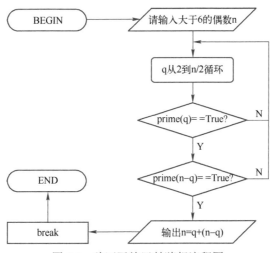

图 5.2　验证哥德巴赫猜想流程图

现在的问题是函数 prime(n)是如何定义的，回顾一下素数判定程序：

```
n = int(input("please enter the number: "))
for i in range(2,n):
    if n % i==0:
        print("False")
        break
if i>n/2:
    print("True")
please enter the number: 29
please enter the number: 77
```

```
def prime(n):
    for i in range(2,n):
        if n%i==0:
            return False
        if i>n/2:
            return True
a=prime(29)
b=prime(77)
print(a,"###",b)
```

将程序转换为函数的方法如下：

```
输入-->def 函数名(实参):
程序-->函数体
输出-->return 返回值
```

函数的调用：函数名(实参)，如 prime(11)、prime(27)。

【参考代码】

```
def prime(i):
    for k in range(2, i):
        if i % k ==0:        #被整除返回假
            return False
    return True              #否则返回真
n=int(input("请输入大于 6 的偶数: "))
```

```
q=2
while q<=n/2:
    if prime(q) and prime(n-q):
        print(n,'=',q,'+',n-q)
        break
    q+=1
```

【运行结果】

请输入大于 6 的偶数：2022
2022 = 5 + 2017

【程序说明】

5.2 参数类型

1）return 有 break 功能，可结束函数。

2）prime()函数定义中，为什么可以把"else"去掉？

3）如果把 while 循环改为 for 循环，如何修改代码？

5.1.3 参数传递

函数的参数传递是指将实际参数传递给形式参数的过程。根据不同的传递形式，函数的参数可分为 4 种：位置参数、默认值参数、关键字参数和不定长参数。

1. 形参和实参

1）形参：在定义函数时，函数名后面圆括号中自定义的参数就是形式参数。

2）实参：在调用函数时，函数名后面圆括号中传入的参数值就是实际参数。

3）形参和实参传递有两种形态：值传递和引用传递。

4）值传递：指的是实参类型为不可变类型（数字、字符串、元组）。

5）引用传递（或叫地址传递）：指的是实参类型为可变类型（列表、字典、set 集合、np 矩阵等）。

6）值传递和引用传递的区别：值传递，若形参的值发生改变，则不会影响实参的值（见图 5.3）；引用传递，若形参的值发生改变，则实参的值也会一同改变（见图 5.4）。

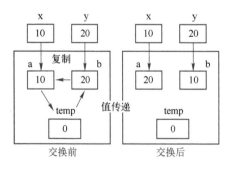

图 5.3 值传递示意

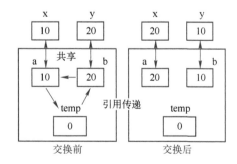

图 5.4 引用传递示意

7）一般情况下，实参与形参保持三统一：顺序、个数和类型。

2. 位置参数

调用函数时,编译器会将函数的实际参数按照位置顺序依次传递给形式参数,传递过程如图 5.5 所示。

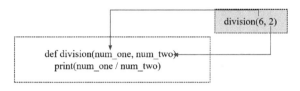

图 5.5 位置参数传递示意图

3. 默认值参数

1)在定义函数时,可以为函数的参数设置默认值,这个参数被称为默认值参数。带有默认值参数的函数定义语法如下:

```
def 函数名(…,形参名=默认值):
    函数体
```

2)在调用带有默认值参数的函数时,可以不用为设置了默认值的形参进行传值,此时函数将会直接使用函数定义时设置的默认值,也可以通过显式赋值来替换其默认值。

3)在定义带有默认值参数的函数时,默认值参数必须出现在函数形参列表的最右端,否则会提示语法错误。

4)如果在定义函数时某个参数的默认值为一个变量,那么参数的默认值只依赖于函数定义时该变量的值。

```
a = 1
def f(n = a):
    print(n)
a = 5
f()        #返回结果为1
```

5)默认值参数只在首次调用使用,以后是继承。

6)调用时默认值参数可以省略,也可以改变。

7)默认参数传递过程如图 5.6 所示。

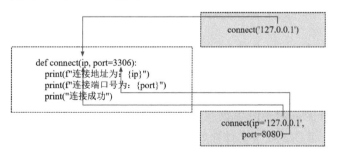

图 5.6 默认参数传递示意图

4．不定长参数

（1）描述

若要传入函数中的参数的个数不确定，可以使用不定长参数。不定长参数也称可变参数，此种参数接收参数的数量可以任意改变。

（2）语法

```
def 函数名([formal_args,] *args, **kwargs):
    "函数_文档字符串"
    函数体
    [return 语句]
```

不定长参数*args 用于接收不定数量的位置参数，调用函数时传入的所有参数被*args 接收后以元组形式保存，如图 5.7 所示。

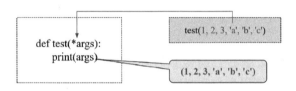

图 5.7　不定长参数*args 传递示意图

kwargs 用于接收不定数量的关键字参数，调用函数时传入的所有参数被kwargs 接收后以字典形式保存，如图 5.8 所示。

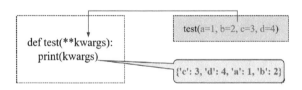

图 5.8　不定长参数**kwargs 传递示意图

（3）快速体验

```
def f(*arg):
    print(arg)
f(1,2,'*')    #返回 (1, 2, '*')
```

（4）思考

f(1，5，7，9)返回结果是什么？

5．关键字参数

关键字参数通过"形式参数=实际参数"的格式将实际参数与形式参数相关联。使用关键字参数允许函数调用时参数的顺序与定义时不一致，Python 解释器能够用参数名匹配参数值，关键字参数传递过程如图 5.9 所示。

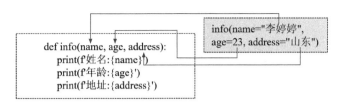

图 5.9 关键字参数传递示意图

5.2 函数的嵌套和递归

5.2.1 函数嵌套：计算 1!+2!+3!+⋯+10!

1. 函数嵌套

Python 允许函数的嵌套定义，即在函数内部可以再定义另外一个函数。

2. 快速体验

【案例 5.2】 计算 1!+2!+3!+⋯+10!的值并输出，使用函数的嵌套调用来实现。

【问题分析】

计算阶乘的累加，可以从大体上分为求阶乘和求累加两个功能模块。可以定义 sum 函数用于计算累加，fac 函数用于计算阶乘。首先调用 sum 函数，再在 sum 函数内调用 fac 函数。

【参考代码】

```
def fac(k):                    #定义 fac 函数，计算阶乘
    t=1
    for i in range(1,k+1):
        t *= i
    return t                    #返回阶乘结果
def sum(n):                    #定义 sum 函数，求累加
    s=0
    for i in range(1,n+1):
        s = s + fac(i)         #调用 fac 函数
    return s                    #返回累加结果
print('1!+2!+3!⋯+10!=',sum(10))        #调用 sum 函数
```

【运行结果】

```
1!+2!+3!⋯+10!= 4037913
```

【程序说明】

1）函数调用逻辑如图 5.10 所示。

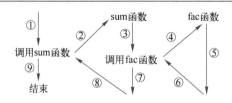

图 5.10 案例 5.2 函数调用逻辑

2）理解 t=1，s=0。

3）理解 range(1,k+1)和 range(1,n+1)。

5.3 函数递归

5.2.2 函数递归：n 的阶乘

1．递归函数

Python 支持函数的递归调用，所谓递归就是函数直接或间接地调用其本身，如图 5.11 所示。

这两种递归调用都是无休止地调用自身。因此，为了防止无限递归，所有递归函数都需要设定终止条件。

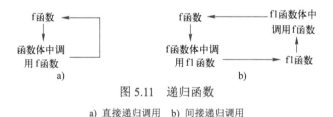

图 5.11 递归函数

a) 直接递归调用　　b) 间接递归调用

2．快速体验

【案例 5.3】　计算 n 的阶乘。

【问题分析】

n!=n*(n-1)!

递归终止条件：1!=1。

【参考代码】

```
def f(n):                               #定义递归函数
    if n==1:                            #当 n 等于 1 时返回 1，递归终止条件
        return 1
    else:                               #当 n 不为 1 时返回 f(n-1)*n
        return f(n-1)*n
n = int(input('请输入一个正整数: '))      #输入一个整数
print(n,'的阶乘结果为: ',f(n))           #调用函数 f 并输出结果
```

【运行结果】

```
请输入一个正整数: 6
6 的阶乘结果为:  720
```

【程序说明】

程序执行过程如图 5.12 所示。

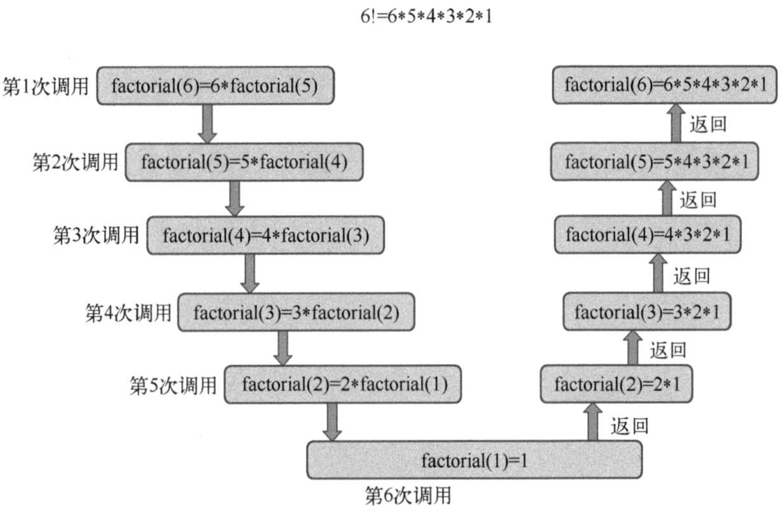

$$6!=6*5*4*3*2*1$$

图 5.12　程序执行过程

5.3　命名空间和变量作用域

5.3.1　命名空间

1. 命名空间及作用

一个名称（变量、函数名、类名、模块名等）在不同的使用情况下可能指代不同的事物。Python 程序有各种各样的命名空间，它指的是在该程序段内一个特定的名称是独一无二的，和其他同名的命名空间是无关的。

每一个函数定义自己的命名空间。如果在主程序（main）中定义一个变量 x，在另外一个函数中也定义 x 变量，两者指代的是不同的变量。命名空间的一大作用是避免名字冲突。

```
def fun1():
 i = 1


def fun2():
 i = 2
```

两个函数中的同名变量 i 之间绝没有任何关系，因为它们分属于不同命名空间。

2. 命名空间分类

命名空间分三类，如图 5.13 所示，每一类命名空间有自己的作用范围，命名空间加载顺序和查找顺序是相反的。

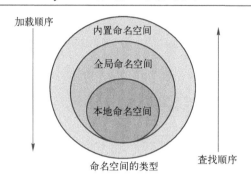

图 5.13　命名空间类型

5.3.2　变量作用域

1．全局变量和局部变量

（1）局部变量

所谓局部变量，指的是定义在函数内的变量，只能在函数内使用，它与函数外具有相同名称的其他变量没有任何关系。不同函数中，可以使用相同名字的局部变量，它们代表不同对象，互不干扰。此外，函数的形式参数也属于局部变量，作用范围仅限于函数内部。

① 形参一定是局部变量。

② 局部变量可以通过 return 传递到函数外来访问。

（2）全部变量

在函数之外定义的变量称为全局变量，全局变量在整个程序范围内有效，如图 5.14所示。

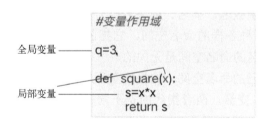

图 5.14　全局变量和局部变量

2．变量作用域及示例

作用域是 Python 的一块文本区域，这个区域中，命名空间可以被"直接访问"。变量作用域也称为变量的生存周期，在生存周期外无法访问该变量。

【案例 5.4】　分析以下程序。

```
p=1
def f1(a):
    b=2
```

```
    print("1---p,a,b=",p,a,b)
    return a,b
c=3
print("2---p,c",p,c)
def f2(x,y):
    i=4
    print("3---x,y,i,p,c=",x,y,i,p,c)
s=f1(7)
print("4---f1,p=",s,p)
w=f2(8,9)
print("5---f2,p,c=",w,p,c)
```

【问题分析】

案例 5.4 变量作用域如图 5.15 所示。

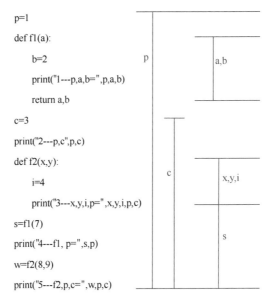

图 5.15　案例 5.4 变量作用域

【运行结果】

```
2---p,c 1 3
1---p,a,b= 1 7 2
4---f1,p= (7, 2) 1
3---x,y,i,p,c= 8 9 4 1 3
5---f2,p,c= None 1 3
```

【程序说明】

1）在作用域外引用变量，系统会报错。

2）没有返回值的函数没有作用域。

3）有返回值的函数作用域，从调用位置直到最后。

3．global 关键字

为了在函数内读取全局变量而不是函数中的局部变量，需要在变量前面显式地加关键字 global，可分为以下两种情况：

1）一个变量已在函数外定义，如果在函数内需要使用该变量的值或修改该变量的值，并将修改结果反映到函数外，可以在函数内用关键字 global 明确声明该全局变量。

2）在函数内部直接使用 global 关键字将一个变量声明为全局变量，如果在函数外没有定义该全局变量，在调用该函数后，会创建新的全局变量。

```
animal = 'fruitbat'
def change_and_print_global():
    global animal        # 声明调用全局变量 animal
    animal = 'wombat'    # 修改全局变量 animal 的值
    print('inside change_and_print_global:', animal)
print(animal)            # 输出'fruitbat'
change_and_print_global() # 输出 inside change_and_print_global: wombat
print(animal)            #输出'wombat'
```

4．nonlocal 关键字

如果要在一个嵌套的函数中修改嵌套作用域中的变量，则须使用 nonlocal 关键字。

```
def decorator(func):
    a = 1
    def wrapper(*args, **kwargs):
        nonlocal a
        a += 1
        return func()
    return wrapper
```

示例中，当 a 变量是不可变类型时，因为包装函数引用了 a，调用函数 decorator 后，在 decorator 函数里改变 a 的值，需要用 nonlocal 声明 a 变量（a 是自由变量）；当 a 是可变类型时，可以不用声明 nonlocal a。

5.3.3　命名空间和作用域之间关系

作用域只是文本区域，其定义是静态的；而名字空间却是动态的，只有随着解释器的执行，命名空间才会产生。那么，在静态的作用域中访问动态命名空间中的名字，造成了作用域使用的动态性。

那么，可以这样认为：静态的作用域，是一个或多个命名空间按照一定规则叠加影响代码区域；运行时动态的作用域，是按照特定层次组合起来的命名空间。

在一定程度上，可以认为动态的作用域就是命名空间。在后面的表述中，会把动态

5.4　匿名函数

匿名函数的关键字是 lambda，又称为 lambda 函数。匿名函数并非没有名字，而是将函数名作为函数结果返回。

1. 特点

lambda 函数的作用与使用 def 关键字声明的一般函数相同，具有如下特点：

1）lambda 函数可以接受任意数量的参数。

2）lambda 函数可以返回任何值，也可以不返回任何值。

3）从语法上讲，lambda 函数只能有一个表达式，不能独立使用。

4）lambda 函数主要在短时间内需要一个函数时才使用。当要将函数作为参数传递给高阶函数（即以其他函数作为参数的函数）时，通常使用这种方法。

2. 语法

```
函数名 = lambda [参数列表]:表达式
```

lamdba 为关键字，冒号左侧表示函数接收的参数，冒号右侧表示函数的返回值。

3. 快速体验

```
sum = lambda arg1, arg2: arg1 + arg2          #定义 lambda 函数
print('相加后的值为:', sum(10, 20))            #调用 sum 函数，返回值 30
```

4. 匿名函数与普通函数的区别

匿名函数与普通函数的主要区别见表 5.1。

表 5.1　匿名函数与普通函数的主要区别

普通函数	匿名函数
需要使用函数名进行标识	无须使用函数名进行标识
函数体中可以有多条语句	函数体只能是一个表达式
可以实现比较复杂的功能	只能实现比较单一的功能
可以被其他程序使用	不能被其他程序使用

5.5　程序入口

Python 解释器在导入程序时，会将程序中代码按先后顺序全部执行一遍，为了避免代码在程序被导入后执行，可以利用__name__属性。

写入测试代码：if __name__ == '__main__': 可以避免测试代码在程序被导入后执行。

每个 Python 程序都包含内置的变量__name__，其作用如下：

1）若是在当前文件，__name__ 是__main__。

2）若是导入的文件，__name__是模块名。

```
#hello.py
print(__name__)
# 输出的是 __main__


#test.py
import hello
print(hello.__name__)
#输出的是 hello
```

所以，if __name__ == '__main__':可以简单理解为程序入口，或主函数。

对函数更深入的了解可参考：https://docs.Python.org/zh-cn/3/tutorial/。

5.6　本章小结

1. 函数思维导图

函数思维导图如图 5.16 所示。

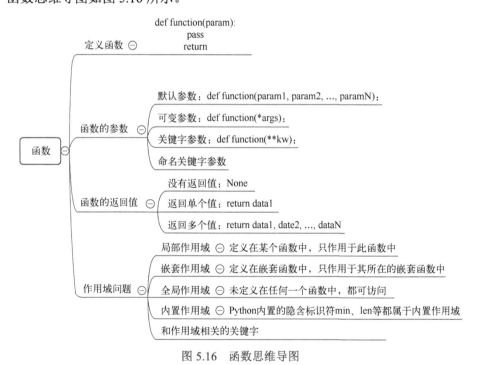

图 5.16　函数思维导图

1）在函数中，如果没有 return 语句，或者有 return 语句但是没有返回任何值，或者有 return 语句但没有被执行到，这时函数返回空值 None。

2）在 Python 中可以嵌套定义函数，也可以嵌套调用函数，还允许函数递归。

3）关键字 lambda 用于定义一种特殊的函数——匿名函数，又称为 lambda 函数。

4）程序入口：if __name__ == '__main__':

2．作用域

作用域如图 5.17 所示。

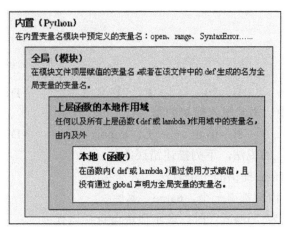

图 5.17　作用域

3．函数式编程范式

函数式编程范式本质是代码封装的思想，和面向过程编程相比，函数式编程强调函数的计算比指令的执行更重要。在函数式编程里函数的计算可随时调用。

习题 5

一、选择题

1．下面关于函数的说法，错误的是（　　）。

  A．在不同函数中可以使用相同名字的变量

  B．函数可以减少代码的重复，使程序更加模块化

  C．调用函数时，传入参数的顺序和函数定义时的顺序必须不同

  D．函数体中如果没有 return，则函数返回空值 None

2．使用（　　）关键字创建自定义函数。

  A．function　　　　B．func　　　　C．def　　　　D．procedure

3．使用（　　）关键字定义匿名函数。

  A．lambda　　　　B．main　　　　C．function　　　D．def

4．在 Python 中，函数（　　）。

  A．不可以嵌套定义　　　　　　　　B．不可以嵌套调用

  C．不可以递归调用　　　　　　　　D．以上都不对

5．下列说法正确的是（　　）。

  A．函数的名称可以随意命名

  B．带有默认值的参数一定位于参数列表的末尾

    C. 局部变量的作用域是整个程序

    D. 函数定义后，系统会自动执行其内部的功能

6. 执行以下程序，输出结果为（　　　）。

```
def f():
    print(x)
    x = 20+1
f()
```

    A. 0   B. 20   C. 21   D. 程序出现异常

7. 下列关键字中，用来引入模块的是（　　　）。

    A. include   B. from   C. import   D. del

8. 关于__name__的说法，下列描述错误的是（　　　）。

    A. 它是 Python 提供的一个方法

    B. 每个模块内部都有一个__name__属性

    C. 当它的值为'__main__'时，表示模块自身在运行

    D. 当它的值不为'__main__'时，表示模块被引用

9. 有一个 func 函数，下列哪项是函数中的关键字传参方式（　　　）。

```
def func(a,b):
    pass
```

    A. func(1,2)

    B. func(a=1,b=2)

    C. func(a=b=1)

    D. func(,2)

10. 关于函数下列说法错误的是（　　　）。

    A. 匿名函数将函数名作为函数结果返回

    B. global 关键字可将函数内部的变量声明为全局变量

    C. 局部变量只在函数内部有效

    D. 函数中的形参属于全局变量

二、填空题

1. 函数可以有多个参数，参数之间使用（　　　）分隔。

2. 使用（　　　）语句可以返回函数值并退出函数。

3. 函数能处理比定义时更多的参数，它们是（　　　）参数。

4. 在函数中调用另一个函数，这就是函数的（　　　）调用。

5. 在函数内部定义的变量称为（　　　）变量。

6. 如果想在函数中修改全局变量，需要在变量前加上（　　　）关键字。

7. 下面程序的运行结果是（　　　）。

```
a=3
b=4
def fun(x,y):
```

```
    b = 5
    print(x+y,b)
fun(a,b)
```

8. 下面程序的运行结果是（　　　）。

```
def fun(x):
    a=3
    a+=x
    return(a)
k=2
m=1
n=fun(k)
m=fun(m)
print(n,m)
```

9. 下面程序的运行结果是（　　　）。

```
def fun(x,y):
    global b
    b = 3
    c = a + b
    return c
a=1
b=2
c = fun(a,b)
print(a,b,c)
```

10. 下面程序的运行结果是（　　　）。

```
def outer():
    a = 1
    def inner():
        nonlocal a
        a = 2
    inner()
    print(a)
outer()
```

11. 函数定义时的参数称为（　　　），函数调用时的参数称为（　　　）。

12. 若函数中没有 return 语句，则函数的默认返回值是（　　　）。

13. 在函数中直接或间接的调用函数自身的过程称为（　　　）。

14. 以下程序运行结果是（　　　）。

```
f1 = lambda x:x**2
f2 = lambda x:x*2
```

```
print(f1(f2(3)))
```

15．以下程序的运行结果是（　　　　）。

```
def f1(a,b):
    a=3
    return a+b
def f2():
    a=1
    b=5
    print(f1(a,b),a+b)
f2()
```

三、判断题

1．函数中关键字参数允许函数调用时参数的顺序与函数定义时不一致。（　　　）

2．定义并调用函数可以提高代码的执行速度。（　　　）

3．使用函数可以增强代码的可读性。（　　　）

4．自定义函数在调用前必须先定义。（　　　）

5．函数必须有一个 return 语句。（　　　）

6．return 语句只能返回一个值。（　　　）

7．函数内可以使用 nonlocal 关键字调用全局变量。（　　　）

8．局部变量的作用域是整个函数内部。（　　　）

9．函数的形参是全局变量。（　　　）

10．递归函数可以没有终止条件。（　　　）

11．命名空间的一大作用是避免名字冲突。（　　　）

12．作用域是 Python 的一块文本区域，这个区域中，命名空间可以被"直接访问"。（　　　）

四、编程题

1．验证 200～300 之间哥德巴赫猜想。

2．不使用递归定义求阶乘函数。

3．编程计算 1!+2!+⋯+7!。

4．编写函数，实现将十进制数转换为二进制数。

5．编写函数，接收两个正整数作为参数，返回一个元组，其中第一个元素为最大公约数，第二个元素为最小公倍数。

6．编写函数，求三个数中最大值。

7．用递归方法计算 S=1+2+3+⋯+n。

8．编写函数，判断一个整数是否为回文数，即正向和逆向都相同，如 1234321。

第6章 面向对象编程范式

面向对象编程范式，即面向对象程序设计（Object Oriented Programming，OOP）是主要针对大型软件设计而提出的，它使得软件设计更加灵活，能够很好地支持代码复用和设计复用，并且使得代码具有更好的可读性和可扩展性。

面向过程编程的基本思想是：分析解决问题的步骤，使用函数实现步骤相应的功能，按照步骤的先后顺序依次调用函数。首先会从问题之中提炼出问题涉及的角色，将不同角色各自的特征和关系进行封装，以角色为主体，通过描述角色的行为去描述解决问题的过程。角色之间互相独立，但相互协作，游戏的流程不再由单一的功能函数实现，而是通过调用与角色相关的方法来完成。

Python 完全采用了面向对象程序设计的思想，是真正面向对象的高级动态编程语言。因此，掌握面向对象程序设计思想对学习 Python 至关重要。

6.1 面向对象编程概述

1．面向对象和面向过程

提到面向对象，自然会想到面向过程。面向过程程序设计的核心是过程，强调事件的流程、顺序，需要考虑周全解决问题的每个步骤。面向对象，以对象为核心，强调事件的角色、主体。

以"小明起床上班这件事"为例。

从面向过程的角度看就是，①起床；②刷牙洗脸；③开车上班。

从面向对象的角度看就是，主人公：小明；拥有的财产：床、牙刷、车；小明可以做什么：起床、刷牙洗脸、开车。

面向过程和面向对象比较如图 6.1 所示。面向过程函数之间关系比较复杂，而面向对象类似于搭积木，灵活、容易理解。

2．类和对象

类（class）和对象（object）是两种以计算机为载体的计算机语言的合称。对象是对客观事物的抽象，类是对对象的抽象。它们的关系是，对象是类的实例，类是对象的模板，如图 6.2 所示，类封装了一些属性（变量）和方法（行为）。图 6.3 给出了类、对象、方法和属性的具体示例。

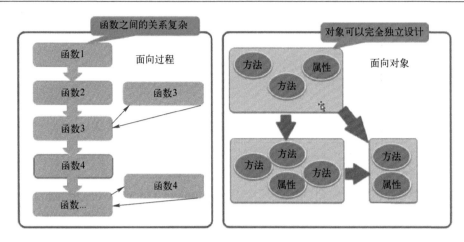

图 6.1　面向过程和面向对象比较

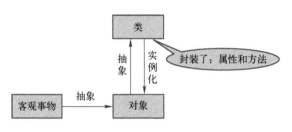

图 6.2　类和对象

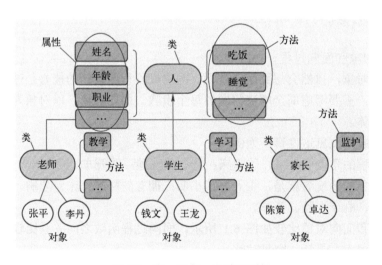

图 6.3　类、对象、方法和属性

　　对象（类的实例）代表着一个独立的事物，继承了类的方法和属性。属性比较好理解，对象的方法则定义了对象是如何与其他对象相互作用的行为。

　　面向对象的 3 大特征：封装、继承和多态。

6.2　封装

封装就是把客观事物的属性和方法抽象为类，并规定类中的属性和方法只让实例化的对象操作。

6.2　封装

6.2.1　定义类

1．语法

```
class 类名:
     属性名 = 属性值
     def 方法名(self):
          方法体
```

1）类名首字母要大写。

2）类体一般包括变量的定义和方法的定义。

3）类体相对于 class 关键字必须保持一定的空格缩进。

4）类定义可以有圆括号，也可以没有。

5）定义空类，即一个没有任何内容的空类：

```
class Person():
    pass       #类体
```

2．快速体验

定义具有两个属性的"学生"类。

```
class Student:
     name = '张三'
     __age = 19
     def __init__(self, gender):
       self.gender = gender
```

3．说明

1）__init__()是 Python 中一个特殊的方法，称为初始化方法或实例方法，其作用是为类的每个变量申请内存空间并赋初值。

2）当在类声明里定义方法时，第一个参数必须为 self。self 参数指向了这个正在被创建的对象本身。

3）在变量或方法的名字前面加两个下画线 "__"，表明为私有，如私有变量 age、私有方法 int()。

4）在类的定义中，_init_并不是必需的。只有当需要区分由该类创建的不同对象时，才需要指定_init_方法。

6.2.2　对象：统计实例化次数

类定义完成后不能直接使用，这就好比画好了一张房屋设计图纸，此图纸只能帮助人们了解房屋的结构，但不能提供居住场所。为满足居住需求，需要根据房屋设计图纸搭建实际的房屋。同理，程序中的类需要实例化为对象才能实现其意义。可以通过类名来创建对象，同函数调用一样。

1. 创建对象

```
对象名 = 类名()
```

2. 访问对象

若想在程序中真正地使用对象，需掌握访问对象成员的方式。对象成员分为属性和方法，它们的访问格式分别如下：

```
对象名.属性
对象名.方法()
```

3. 快速体验

```
Student1 =Student('male')
print(Student1.name)            #返回: '张三'
print(Student1.gender)          #返回: 'male'
print(Student1.__age)           #出错
print(Student1.age)             #出错
```

结论：对象无法直接访问类的私有成员。

【案例 6.1】 统计实例化次数。

【问题分析】

实例化一次相当于调用一次类，通过类变量实现值的继承。

【参考代码】

```
class Student():
    student_count = 0            #类变量
    def __init__(self, name, salary):
        self.name = name          #成员变量
        self.salary = salary
        Student.student_count += 1

    def display_count(self):
        print('Total student:',Student.student_count)

    def display_student(self):
        print('Name:',self.name, ' 工资: ',self.salary)

    def get_class(self):
        if self.salary >= 7000 and self.salary < 8000:
            print('1 档')
```

```
        if self.salary >= 8000 and self.salary < 9000:
            print('2 档')
        if self.salary >= 9000 and self.salary < 10000:
            print('3 档')
        if self.salary >= 10000:
            print('4 档')
        else:
            return  0


student1 = Student('张三',10000)
student1.display_student()
student1.display_count()
student1.get_class()


student2 = Student('李四', 7000)
student2.display_student()
student2.display_count()
student2.get_class()
```

【运行结果】

```
Name: 张三   工资: 10000
Total student: 1
'4 档'
Name: 李四   工资: 7000
'1 档'
```

【程序说明】

1）利用面向对象，可以有选择地输出信息，而用函数每次获得的信息都是相同的。

2）成员变量：一般成员变量都是self.xxx。成员变量只能由对象来调用，值无继承性。

3）类变量：写在类开头的变量即为类变量。类变量可以由类名直接调用，也可以由对象来调用，具有继承性。

6.2.3 类成员

1. 私有成员访问限制

1）对象无法直接访问类的私有成员。

2）私有属性可在公有方法中通过指代对象本身的默认参数"self"访问，类外部可通过公有方法间接获取类的私有属性（见图6.4）。

6.3 类成员

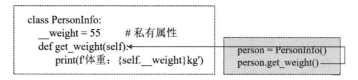

图 6.4　私有属性可在公有方法间接访问

3）私有方法同样在公有方法中通过参数"self"访问（见图 6.5）。

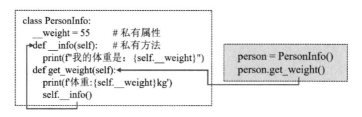

图 6.5　私有方法在公有方法中通过参数"self"访问

2．构造方法

每个类都有一个默认的__init__()方法。

如果定义类时显式地定义__init__()方法，那么创建对象时 Python 解释器会调用显式定义的__init__()方法；

如果定义类时没有显式定义__init__()方法，那么 Python 解释器会调用默认的__init__()方法。

（1）无参构造方法

无参构造方法中可以为属性设置初始值，此时使用该方法创建的所有对象都具有相同的初始值。

（2）有参构造方法

有参构造方法中可以使用参数为属性设置初始值，此时使用该方法创建的所有对象都具有不同的初始值。

3．类属性和实例属性

（1）类属性

在类中定义的属性是类属性，可以通过对象或类进行访问。

（2）实例属性

在构造方法中定义的属性是实例属性，只能通过对象进行访问。

4．类方法和实例方法

（1）描述

在类中定义的函数称为类方法，只比类方法多一个 self 参数的方法称为实例方法，它只能通过类实例化的对象调用。

在类定义内部，用前缀修饰符@classmethod 指定的方法都是类方法。与实例方法类似，类方法的第一个参数是类本身。在 Python 中，这个参数常被写作 cls，因为全称 class 是保留字，在这里无法使用（见图 6.6）。

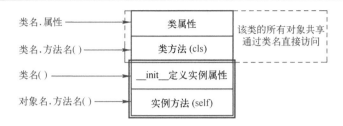

图 6.6　类属性（方法）和实例属性（方法）

（2）快速体验

为类 A 定义一个类方法，来记录一共有多少个类 A 的对象被创建。

```
class A():
    count = 0
    def init (self):
        A.count += 1
    def exclaim(self):
        print("I'm an A!")
    @classmethod
    def kids(cls):
        print("A has", cls.count, "little objects.")
easy_a = A()
breezy_a = A()
wheezy_a = A()
A.kids()        #返回: A has 0 little objects.
```

注意：上面的代码中，使用的是 A.count（类变量），而不是 self.count（成员变量）。在 kids()方法中，使用的是 cls.count，它与 A.count 的作用一样。

（3）类方法与实例方法比较

类方法与实例方法比较见表 6.1。

表 6.1　类方法与实例方法比较

类 方 法	实 例 方 法
使用装饰器@classmethod 修饰	—
第一个参数为 cls，它代表类本身	第一个参数为 self，它代表对象本身
既可由对象调用，也可直接由类调用	只能由对象调用
可以修改类属性	无法修改类属性

5．实例方法和静态方法

（1）描述

静态方法使用的关键字是@staticmethod，通过在方法前追加此装饰器该方法就属于一个静态方法，它既不依赖实例对象也不依赖于类，只需要一个载体即可，所以无论是通过类对象直接调用还是实例对象进行调用都是可以的，需要注意的是在静态方法中无法使用实例属性和方法。所以在日常过程中如果有一个方法实现的功能比较独立时，就可以考虑使用静态方法实现。

（2）实例方法和静态方法区别

实例方法和静态方法区别见表 6.2。

表 6.2　实例方法和静态方法区别

实 例 方 法	静 态 方 法
—	使用装饰器@staticmethod 修饰
方法中需要以 "self.方法/属性名" 的形式访问类的成员	方法中需要以 "类名.方法/属性名" 的形式访问类的成员
只能由对象调用	既可由对象调用，也可直接由类调用

（3）快速体验

定义一个包含属性 num 与静态方法 static_method()的类 Example。

```
class Example:
    num = 10            # 类属性
    @staticmethod       # 定义静态方法
    def static_method():
        print(f"类属性的值为: {Example.num}")
        print("---静态方法")
```

6.3　继承

6.3.1　继承原理

在编写代码解决实际问题时，经常能找到一些已有的类，它们能够实现所需的大部分功能，但不是全部。这时该怎么办？当然，可以对这个已有的类进行修改，但这么做很容易让代码变得更加复杂，可能会破坏原来可以正常工作的功能。

也可以重新编写一个类：复制粘贴原来的代码再融入自己的新代码。但这意味着需要维护更多的代码。同时，新类和旧类中实现同样功能的代码被分隔在了不同的地方（日后修改时需要改动多处）。

更好的解决方法是利用类的继承：从已有类中衍生出新的类，添加或修改部分功能。这是代码复用的一个绝佳的例子。使用继承得到的新类会自动获得旧类中的所有方法，而不需要进行任何复制。

这时只需要在新类里面定义自己额外需要的方法，或者按照需求对继承的方法进行修改即可。修改得到的新方法会覆盖原有的方法。人们习惯将原始的类称为父类、超类或基类，将新的类称作孩子类、子类或衍生类。这些术语在面向对象的编程中不加以区分。

继承描述的是类与类之间的关系。通过继承，新生类可以在无须赘写原有类的情况下，对原有类的功能进行扩展，如图 6.7 所示。

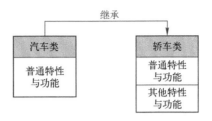

图 6.7　继承示意图

6.3.2　定义子类

1．描述

Python 中类与类之间具有继承关系，其中被继承的类称为父类或基类，继承的类称为子类或派生类。

子类在继承父类时，会自动拥有父类中的方法和属性。

2．语法

（1）单继承

单继承指的是子类只继承一个父类，其语法格式如下：

```
class 子类(父类)
```

（2）多继承

多继承指的是一个子类继承多个父类，其语法格式如下：

```
class 子类（父类 A，父类 B，…）
```

3．快速体验

首先，定义一个空类 Car。然后，定义一个 Car 的子类 Cxy。定义子类使用的也是 class 关键词，不过需要把父类的名字放在子类名字后面的括号里。

```
class Car():
    pass
class Cxy(Car):        #继承 Car 类
    pass
```

接着，为每个类创建一个实例对象：

```
give_me_a_car = Car()
give_me_a_cxy= Cxy()
```

子类和父类是相对的。在面向对象的术语里，经常称 Cxy 是一个 Car；对象 give_me_a_cxy 是 Cxy 类的一个实例，但它同时继承了 Car 的所有成员。下面来更新一下类的定义，让它们发挥作用：

```
class Car():
    def exclaim(self):
```

```
        print("I'm a Car!")
class Cxy(Car):
    pass
```

最后，为每一个类各创建一个对象，并调用刚刚声明的 exclaim 方法：

```
give_me_a_car = Car()
give_me_a_cxy = Cxy()
give_me_a_car.exclaim()          #返回: I'm a Car!
give_me_a_cxy.exclaim()          #返回: I'm a Car!
```

这时不需要进行任何特殊的操作，Cxy 就自动从 Car 那里继承了 exclaim()方法。

子类还可以添加父类中没有的方法。回到 Car 类和 Cxy 类，下面给 Cxy 类添加一个新的方法 need_a_push()：

```
class Car():
    def exclaim(self):
        print("I'm a Car!")
class Cxy(Car):
    def exclaim(self):
        print("I'm a Yugo! Much like a Car, but more Cxy-ish.")
    def need_a_push(self):
        print("A little help here?")
```

接着，创建一个 Car 和一个 Cxy 对象：

```
give_me_a_car = Car()
give_me_a_cxy = Cxy()
```

Cxy 类的对象可以响应 need_a_push() 方法：

```
give_me_a_yugo.need_a_push()      #返回: A little help here?
```

至此，Cxy 可以做一些 Car 做不到的事情了。它的与众不同的特征开始体现出来。

6.3.3　使用父类

1．描述

子类可以继承父类的属性和方法，若父类的方法不能满足子类的要求，子类可以重写父类的方法，以实现理想的功能。

如果子类重写了父类的方法，但仍希望调用父类中的方法，那么可以使用 super() 函数实现。

```
super().方法名()
```

2．快速体验

下面的例子将定义一个新的类 EmailPerson，用于表示有电子邮箱的 Person。首先，来定义熟悉的 Person 类：

```
class Person():
```

```
def init (self, name):
    self.name = name
```

下面是子类的定义。注意，子类的初始化方法_init_()中添加了一个额外的 email
参数：

```
class EmailPerson(Person):
    def_init_(self, name, email):
        super(). init (name)
        self.email = email
```

在子类中定义_init_()方法时，父类的_init_()方法会被覆盖。因此，在子类中，父类的
初始化方法并不会被自动调用，必须显式调用它。以上代码实际上做了这样几件事情：

1）通过 super()方法获取了父类 Person 的定义。

2）子类的_init_()调用了 Person._init_()方法。它会自动将 self 参数传递给父类。因
此，只需传入其余参数即可。在上面的例子中，Person()能接受的其余参数指的是 name。

self.email = email 这行新的代码才真正起到了将 EmailPerson 与 Person 区分开的作
用。接下来，创建一个 EmailPerson 类的对象：

```
bob = EmailPerson('Bob Frapples', 'bob@frapples.com')
```

此时，既可以访问 name 特性，也可以访问 email 特性：

```
bob.name #返回: 'Bob Frapples'
bob.email #返回: 'bob@frapples.com'
```

为什么不像下面这样定义 EmailPerson 类呢？

```
class EmailPerson(Person):
        def_init_(self, name, email):
            self.name = name
            self.email = email
```

确实可以这么做，但这有悖于使用继承的初衷。应该使用 super()来让 Person 完成
它应该做的事情，就像任何一个单纯的 Person 对象一样。除此之外，不这么写还有另
一个好处：如果 Person 类的定义在未来发生改变，那么使用 super()可以保证这些改变
会自动反映到 EmailPerson 类上，而不需要手动修改。

子类可以按照自己的方式处理问题，但如果仍需借助父类的帮助，使用 super()
是最佳的选择（就像现实生活中孩子与父母的关系一样）。

6.4　多态

多态指同一个属性或行为在父类及其各派生类中具有不同的语义。

Python 对实现多态（polymorphism）要求得十分宽松，这意味着可以对不同对象调
用同名的操作，甚至不用管这些对象的类型是什么。

下面来为三个 Quote 类设定同样的初始化方法_init()_，然后添加两个新函数：

1）who()返回保存的 person 字符串的值。

2）says()返回保存的 words 字符串的内容，并添上指定的标点符号。

它们的具体实现如下：

```
class Quote():
def init (self, person, words):
    self.person = person
    self.words = words
def who(self):
    return self.person
def says(self):
    return self.words + '.'
class QuestionQuote(Quote):
    def says(self):
        return self.words + '?'
class ExclamationQuote(Quote):
    def says(self):
        return self.words + '!'
```

这里不需要改变 QuestionQuote 或者 ExclamationQuote 的初始化方式，因此没有覆盖它们的 init()方法。Python 会自动调用父类 Quote 的初始化函数 init()来存储实例变量 person 和 words，这就是可以在子类 QuestionQuote 和 ExclamationQuote 的对象里访问 self.words 的原因。

接下来创建一些对象：

```
hunter = Quote('Elmer Fudd', "I'm hunting wabbits")
print(hunter.who(), 'says:', hunter.says())
                    #返回: Elmer Fudd says: I'm hunting wabbits.
hunted1 = QuestionQuote('Bugs Bunny', "What's up, doc")
print(hunted1.who(), 'says:', hunted1.says())
                    #返回: Bugs Bunny says: What's up, doc?
hunted2 = ExclamationQuote('Daffy Duck', "It's rabbit season")
print(hunted2.who(), 'says:', hunted2.says())
                    #返回: Daffy Duck says: It's rabbit season!
```

三个不同版本的 says()为上面三种类提供了不同的响应方式，这是面向对象的语言中多态的传统形式。Python 在这方面走得更远一些，无论对象的种类是什么，只要包含 who() 和 says()，便可以调用它。下面再来定义一个 BabblingBrook 类，它与之前的猎人猎物（Quote 类的后代）没有任何关系：

```
class BabblingBrook():
def who(self):
```

```
        return 'Brook'
def says(self):
        return 'Babble'
brook = BabblingBrook()
```

现在，对不同对象执行 who()和 says()方法，其中有一个（brook）与其他类型的对象毫无关联：

```
def who_says(obj):
        print(obj.who(), 'says', obj.says())
who_says(hunter)       #返回: Elmer Fudd says I'm hunting wabbits.
who_says(hunted1)      #返回: Bugs Bunny says What's up, doc?
who_says(hunted2)      #返回: Daffy Duck says It's rabbit season!
who_says(brook)        #返回: Brook says Babble
```

6.5　模块

6.5.1　模块分类

之前介绍函数是完成特定功能的一段程序，是可复用程序的最小组成单位；类是包含一组数据及操作这些数据或传递消息的函数的集合。模块是在函数和类的基础上，将一系列相关代码组织到一起的集合体。在 Python 中，一个模块就是一个扩展名为.py 的源程序文件，通过在当前.py 文件中导入其他.py 文件，可以使用被导入文件中定义的内容。

为了方便调用，将一些功能相近的模块组织在一起，或是将一个较为复杂的模块拆分为多个组成部分，可以将这些.py 源程序文件放在同一个文件夹下，按照 Python 的规则进行管理，这样的文件夹和其中的文件就称为包，库或类库则是功能相关联的包的集合。

模块、包、库和类库在使用上是一样，以下统称为模块。

Python 中的模块可分为三类，分别是内置模块、第三方模块和自定义模块，如图 6.8 所示。

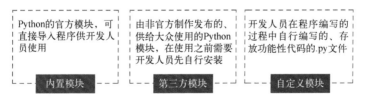

图 6.8　模块分类

6.5.2　模块导入

1．描述

在导入一个模块时（import 模块名），Python 首先在当前模块中查找模块，若找不到则在内置的 built-in 模块中查找，仍然找不到时则会根据 sys.path 中的目录来寻找这个包中包含的子目录。目录只有包含__init__.py 文件时才会被认作是一个模块，最简单的就是建立一个内容为空的文件并命名为__init__.py。

需要注意的是，Python 安装目录下的 Lib 文件夹内存放了内置的标准库。Lib/site-packages 目录下则存放了用户自行安装的第三方模块（库）。

2．语法

（1）无别名导入

导入模块一般采用 import 语句，import 语句的语法如下：

```
import 模块 1 [, 模块 2[,…, 模块 N]]
```

（2）有别名导入

如果在开发过程中需要导入一些名称较长的模块，那么可使用 as 为这些模块起别名，语法格式如下：

```
import 模块名 as 别名
```

（3）部分导入

若只希望导入模块中指定的一部分，其语法如下：

```
from 模块名 import 类或函数名 1 [, 类或函数名 2 [, …类或函数名 N]]
```

（4）第三方模块的导入与安装

在使用第三方模块之前，需要使用包管理工具——pip 和安装第三方模块。Python 3.6 版本中已经自带了 Python 包管理工具 pip，因此无须再另行下载 pip。打开 Windows 的命令提示符工具，输入：

```
pip install 模块名
```

3．说明

1）from…import…也支持一次导入多个函数、类、变量等，函数与函数之间使用逗号隔开，如：

```
from time import sleep, time
```

2）利用通配符 "*" 可使用 from…import…导入模块中的全部内容，语法格式如下：

```
from 模块名 import *
```

3）from…import…也支持为模块或模块中的函数起别名，其语法格式如下：

```
from 模块名 import 函数名 as 别名
```

4）虽然通过 "from 模块名 import…" 方式可简化模块中内容的引用，但可能会出现函数重名的问题。因此，相对而言使用 import 语句导入模块更为安全。

4．快速体验

（1）导入 png.py 模块

```
import png.py
```

（2）导入 turtle 模块

```
import turtle
```

（3）导入 turtle，别名为 t

```
import turtle as t
```

（4）导入 sklearn.datasets 模块，names 类

```
from sklearn.datasets import names
```

（5）安装第三方模块 pandas

```
pip install pandas
```

6.5.3　模块使用

1．语法

（1）模块使用

模块导入之后便可以通过"."使用模块中的函数或类，语法如下：

```
模块名.函数名()/类名
```

使用"from…import…"方式导入模块之后，无须添加前缀，可以像使用当前程序中的内容一样使用模块中的内容。

（2）查看模块

可以使用 dir()函数查看一个模块内定义的所有方法，例如查看 Chap11.py 内定义的所有方法：

```
import Chap11
dir(Chap11)
```

（3）查看模块成员

除了使用 dir()函数之外，还可以使用模块.__all__，查看模块（包）内包含的所有成员。

（4）查看模块方法参数

可以使用 help(模块.方法)查看方法参数及使用案例。

2．快速体验

【案例 6.2】　海龟绘制正方形。

【问题分析】

重复 4 次"前进 n 步，右转 90°"就得到一个正方形。

【参考代码】

```
import turtle as p      #导入海龟模块
for  i in range(4):
    p.right(90)
    p.forward(80)
```

【运行结果】

海龟绘制的正方形如图 6.9 所示。

【程序说明】

1）循环次数 4 和右转 90°是为了保证图形是封闭的。

2）为了保证是封闭图形，如果循环 8 次，那么需要右转多少度？

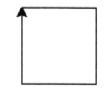

图 6.9 海龟绘制的正方形

3）为了保证是封闭图形，如果右转 10°，那么循环次数是多少？

3. 海龟作图常用命令

（1）画笔运动命令

画笔运动命令见表 6.3。

表 6.3 画笔运动命令

命 令	说 明
turtle.forward(distance) | fd()	向当前画笔方向移动 distance 像素长度
turtle.backward(distance) | bk()	向当前画笔相反方向移动 distance 像素长度
turtle.right(degree) | rt()	顺时针旋转 degree 度
turtle.left(degree) | lt()	逆时针旋转 degree 度
turtle.pendown() | pd()	移动时绘制图形，缺省时也为绘制
turtle.goto(x,y)	将画笔移动到坐标为 x，y 的位置
turtle.penup() | pu()	移动时不绘制图形，提起笔，用于另起一个地方绘制时用
turtle.speed(n)	画笔绘制的速度 n=1（慢）～10（快），0（最快）
turtle.circle()	画圆，半径为正（负），表示圆心在画笔的左边（右边）画圆

（2）画笔控制命令

画笔控制命令见表 6.4。

表 6.4 画笔控制命令

命 令	说 明
turtle.pensize(size) | width(size)	size 选择画笔粗细大小
turtle.pencolor()	画笔颜色
turtle.fillcolor(color string)	绘制图形的填充颜色
turtle.color(color1, color2)	同时设置 pencolor=color1， fillcolor=color2
turtle.filling()	返回当前是否在填充状态
turtle.begin_fill()	准备开始填充图形
turtle.end_fill()	填充完成
turtle.hideturtle() | ht()	隐藏箭头显示
turtle.showturtle() | st()	与 hideturtle()函数对应

（3）全局控制命令

全局控制命令见表 6.5。

表 6.5 全局控制命令

命　　令	说　　明
turtle.clear()	清空 turtle 窗口,但是 turtle 的位置和状态不会改变
turtle.reset()	清空窗口,重置 turtle 状态为起始状态
turtle.undo()	撤销上一个 turtle 动作
turtle.isvisible()	返回当前 turtle 是否可见
stamp()	复制当前图形
turtle.write(s[,font=("font-name",font_size,"font_type")])	写文本,s 为文本内容,font 是字体的参数,里面分别为字体名称、大小和类型;font 为可选项,font 的参数也是可选项

部分命令详解:

turtle.circle(radius, extent=None, steps=None),其中,radius 为半径,extent 为弧度,steps 内切正多边形边数。

4. 应用拓展

1)分析程序,运行结果如图 6.10 所示。

```
import turtle          #导入海龟模块
p= turtle.Pen()        #调用 Pen()方法,注意:Pen 的首字母要大写。
for i in range(40):
    p.right(90)
    p.forward(80+i)    #每旋转 90 度步长加 1
```

2)分析程序,运行结果如图 6.11 所示。

```
import turtle          #导入海龟模块
p= turtle.Pen()        #调用 Pen()方法,注意:Pen 的首字母要大写。
for i in range(4):
    p.circle(20)       #绘制 4 个半径为 20,位置不同的圆
    p.left(90)         #思考:为什么要旋转 90 度?
```

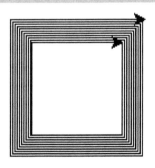

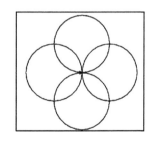

图 6.10 应用拓展 1)执行结果　　　　　图 6.11 应用拓展 2)执行结果

3)分析程序,运行结果如图 6.12 所示。

```
import turtle          #导入海龟模块
p= turtle.Pen()        #调用 Pen()方法,注意:Pen 的首字母要大写。
```

```
colors =["red","yellow","blue"]        #定义包含三个元素的序列
turtle.bgcolor("black")                #修改背景颜色为黑色
number=100                 #思考: 没有这句行不行? 增加这句优势是什么?
for i in range(number):
        p.pencolor(colors[i%3])        #改变颜色，通过余数匹配颜色
        p.circle(40)
        p.left(360/number)             #改变角度
```

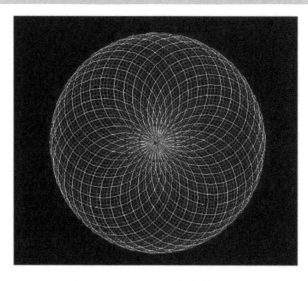

图 6.12　应用拓展 3）执行结果

4）太阳花，运行结果如图 6.13 所示。

```
import turtle as t         #别名
t.reset()                  #清屏
t.color ("red","yellow")   #笔色为红, 填充色为黄
t.speed(10)                #加速, 10 最快
t.begin_fill()
for i in range(50):        #思考: 最小值多少?
    t.forward(200)
    t.left(170)            #170 是怎么算出来的
t.end_fill()
```

5）九向星，运行结果如图 6.14 所示。

```
import turtle as t         #别名
t.reset()
for x in range(1,19):
  t.forward(100)
  if x % 2 == 0:
```

```
    t.left(175)
else:
    t.left(225)
```

图 6.13　应用拓展 4）执行结果

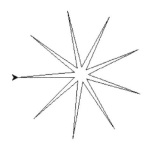

图 6.14　应用拓展 5）执行结果

【案例 6.3】　文字也疯狂。

【问题分析】

观察分析以下代码，效果如图 6.15 所示。

```
import turtle as t
for i in range(0,30):
    t.forward(i*3)
    t.write('转起来',font=("微软雅黑",int(i/6)+3))
    t.left(61)
```

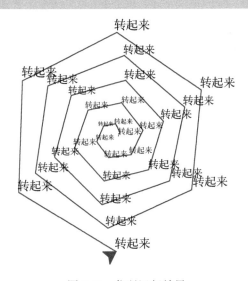

图 6.15　代码运行效果

图 6.15 是一个动态变化的六边形，希望修改程序得到图 6.16 效果。

1）添加背景。

2）改变六边形，每条边的颜色。

3）去掉每条边的痕迹。

4）增加六边形个数。

【参考代码】

```python
import turtle as t
t.reset()
t.bgcolor("DeepSkyBlue")
colors=['red','yellow','green','indigo','purple','black']   #颜色列表
t.speed(10)
for i in range(0,120):
    t.pencolor(colors[i%5])     #改变笔的颜色
    t.penup()
    t.forward(i*3)
    t.pendown()
    t.write('转起来',font=("微软雅黑",int(i/6)+3))
    t.left(61)
```

【运行结果】

运行效果如图 6.16 所示。

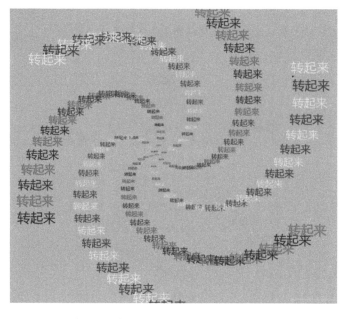

图 6.16　案例 6.3 修改程序后的运行效果

【程序说明】

1）t.penup();t.forward(i*3)这两句是不留痕迹前进。

2）t.pendown();t.write('转起来',font=("微软雅黑",int(i/6)+3))这两句输出动态大小的"转起来"。

3）分析"好看的花"代码,效果图如图 6.17 所示。

```python
import turtle as t
t.reset()
t.speed(10)
t.bgcolor("white")
t.pencolor('LightPink')
t.pensize(3)
t.begin_fill()
t.fillcolor('LightYellow')
for i in  range(13):
    t.circle(180,110)
    t.left(180-110)
    t.circle(180,110)
    t.setheading(i*360/12)
    t.end_fill()
```

图 6.17 "好看的花"效果

6.5.4 内置的标准模块

Python 内置了许多标准模块,例如 math、sys、os、random 和 time 模块等。

1. math 模块

内置的 math 模块提供了常用数学函数和数学常量。

（1）数学常量方法

数学常量方法见表 6.6。

表 6.6　数学常量方法

方　法	数学表示	描　述
math.pi	π	圆周率，值为 3.141592653589793
math.e	e	自然对数，值为 2.718281828459045
math.inf	∞	正无穷大，负无穷大为-math.inf
math.nan		非浮点数标记，NAN（Not a Number）

（2）数值表示函数方法

math 模块的数值表示函数方法见表 6.7。

表 6.7　math 模块的数值表示函数方法

方　法	描　述	实　例	结　果
math.ceil(x)	返回≥x 的最小整数（int）	math.ceil(2.2)	3
math.floor(x)	返回≤x 的最大整数（int）	math.floor(3.6)	3
math.modf(x)	返回 x 的小数部分和整数部分，两个结果都带有 x 的符号并且是浮点数	math.modf(3.4) math.modf(2**52+0.55)	(0.4，3.0) (0.0, 503599627370497.0)
math.comb(n, k)	组合数 C_n^k	math.comb(3, 2) math.comb(2, 3)	3 0
math.perm(n, k)	排列数 P_n^k	math.perm(3, 2) math.perm(2, 3)	6 0
math.copysign(x, y)	返回一个大小为 x 的绝对值，符号同 y 的浮点数	math.copysign(1.2, −3) math.copysign(−1, 3)	−1.2 1.0
math.fabs(x)	$\lvert x\rvert$	math.fabs(−2)	2.0
math.factorial(n)	$n!$	math.factorial(4)	24
math.fsum(iterable)	返回可迭代对象中值的总和	math.fsum([.1]*10)	1.0
math.gcd(m，n)	返回所有参数的最大公约数	math.gcd(4, 6, 8)	2
math.lcm(m,n)	返回所有参数（int）的最小公倍数	math.lcm(3, 5)	15
math.isfinite(x)	若 x 既不是无穷大也不是 NaN，则返回 True，否则返回 False	math.isfinite(3.4)	True
math.isinf(x)	若 x 是正无穷大或负无穷大，则返回 True，否则返回 False	math.isinf(float('inf'))	True
math.isnan(x)	若 x 是 NaN（非数），则返回 True，否则返回 False	math.isnan(float('nan'))	True
math.prod(iterable, *, start=1)	返回 start 与 iterable 中各元素的乘积，若 iterable 为空，则返回 start	math.prod((2, 3)) math.prod((2, 3), start=2)	6 12
math.trunc(x)	将实数 x 截断为 int（通常为 int）	math.trunc(3.4)	3
math.sqrt(x)	返回 x 的平方根	math.sqrt(4)	2.0

（3）幂与对数函数方法

math 模块的幂与对数函数方法见表 6.8。

表 6.8　math 模块的幂与对数函数方法

方　法	描　述	实　例	结　果
math.exp(x)	e^x	math.exp(2)	7.38905609893065
math.log(x[, base])	返回以 base 为底，x 的对数，默认为 e	math.log(2) math.log(2, 2)	0.6931471805599453 1.0
math.log2(x)	$\log_2(x)$	math.log2(2)	1.0
math.log10(x)	$\lg(x)$	math.log10(100)	2.0
math.pow(x, y)	返回 x 的 y 次幂	math.pow(2, 3) pow(2, 3)	8.0 8

（4）三角运算函数方法

math 模块的三角运算函数方法见表 6.9。

表 6.9　math 模块的三角运算函数方法　　　　　（单位：rad）

方　　法	描　　述	实　　例	结　　果
math.sin(x)	sin(x)	math.sin(math.pi/2)	1.0
math.asin(x)	arcsin(x)	math.asin(1)	1.5707963267948966
math.cos(x)	cos(x)	math.cos(math.pi)	−1.0
math.acos(x)	arccos(x)	math.acos(−1)	3.141592653589793
math.tan(x)	正切	math.tan(math.pi/4)	0.9999999999999999
math.atan(x)	反正切	math.atan(1)	0.7853981633974483
math.dist(p, q)	返回两点 p 和 q 之间的欧氏距离	math.dist((1, 1), (2, 2))	1.4142135623730951

（5）思考

1）利用 round()，写出 x 为整数的表达式。

2）利用 pow()、sqrt()，写出 "$\sqrt{(x_1 - x_2)^2}$" 表达式。

2．random 模块

random 模块为随机数模块，该模块中定义了多个可产生各种随机数的方法（见表 6.10）。

表 6.10　random 模块常用方法

方　　法	说　　明
random.random()	返回(0,1]之间的随机实数
random.randint(x,y)	返回[x,y]之间的整数
random.choice(seq)	从序列 seq 中随机返回一个元素
random.uniform(x,y)	返回[x,y]之间的浮点数

6.6　本章小结

类的定义小结如图 6.18 所示。类的构成小结如图 6.19 所示。

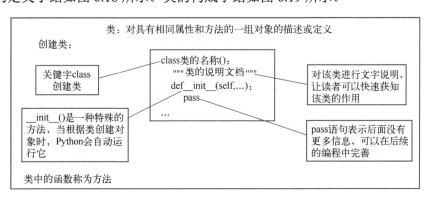

图 6.18　类的定义小结

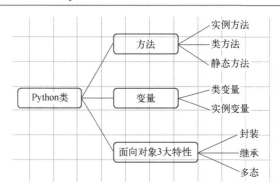

图 6.19　类的构成小结

1）Python 是面向对象的解释型高级动态编程语言，完全支持面向对象的基本功能和全部特征。

2）类中所有实例方法都至少包含一个 self 参数，并且必须是第一个参数，用来表示对象本身。

3）通过对象名调用实例方法时不需要为 self 参数传递任何值。

4）类成员：方法外定义的变量。

5）类成员是在类中所有方法之外定义的，而实例成员一般是在构造方法中定义的。

6）在 Python 中，私有化方法也比较简单，即在准备私有化的数据成员或方法的名字前面加两个下画线"__"即可，在类的外部不能直接访问私有成员，也不能直接调用私有方法。

7）Python 支持多继承，如果多个父类中有相同名字的成员，而在子类中使用该成员时没有指定其所属父类名，则 Python 解释器将从左往右按顺序进行搜索。

8）多态是指父类的同一个方法在不同子类对象中具有不同的表现和行为。

9）父类：能够被继承的类，相对的。

10）子类：继承了某个类的类，子类可以拥有自己的方法。

11）成员：定义类时用到的变量，包括类成员（类的属性）、实例成员（方法内属性）。

12）对象：实例化的类，是具体的实体。

13）子类继承父类的成员和方法。

14）对象继承了类的成员和方法。

15）类外部只能访问类成员和带 self 前缀的方法成员。

16）同一个类可以生成无数个对象。

17）对象必须初始化，即成员和方法要赋初值。

18）子类可以修改父类的方法——重载。

19）继承分为单继承和多继承：class 子类(父类 1，父类 2)。

20）类方法：增加@classmethod 修饰符，且第 1 个参数为 cls。

21）静态方法：增加@staticmethod 修饰符。

习题 6

一、选择题

1. 下列选项中哪个不是面向对象的特征（   ）。

    A．多态   B．继承   C．抽象   D．封装

2. 关于类和对象的关系，下列描述中正确的是（   ）。

    A．对象描述的是现实中真实存在的个体，它是类的实例

    B．类是现实中真实存在的个体

    C．对象是根据类创建的，并且一个类只能对应一个对象

    D．类是面向对象的核心

3. 构造方法是类的一个特殊方法，其名称为（   ）。

    A．与类同名   B．__init__   C．init   D．__del__

4. 构造方法的作用是（   ）。

    A．一般成员方法   B．类的初始化

    C．对象的初始化   D．对象的建立

5. Python 中用于释放类占用的资源的方法是（   ）。

    A．__del__   B．__init__   C．del   D．__delete__

6. 以下说法正确的是（   ）。

    A．方法和函数的格式是完全一样的

    B．创建类的对象时，系统会自动调用构造方法进行初始化

    C．创建对象后，其属性的初始值是固定的，外界无法进行修改

    D．在主程序中（或类的外部），实例成员可以通过类名访问

7. Python 中定义私有属性的方法是（   ）。

    A．使用__X 定义属性名   B．使用__X__定义属性名

    C．使用 private 关键字   D．使用 public 关键字

8. 以下表示 C 类继承 A 类和 B 类的格式中，正确的是（   ）。

    A．class C A,B: B．class C(A,B)

    C．class C(A,B):   D．class C A and B:

9. 下列方法中，不能使用类名访问的是（   ）。

    A．静态方法   B．类方法   C．实例方法   D．以上 3 项都是

10. 下列选项中，用于标识为静态方法的是（   ）。

    A．@classmethod   B．@staticmethod

    C．\$staticmethod   D．@privatemethod

二、填空题

1. 在 Python 中，可以用（   ）关键字来声明一个类。

2．类的实例方法中必须有一个（　　）参数，位于参数列表的开头。

3．在主程序中（或类的外部），实例成员属于实例（即对象），只能通过（　　）访问；而类成员属于类，可以通过类名或对象名访问。

4．在继承关系中，已有的、设计好的类称为（　　），新设计的类称为子类。

5．父类的（　　）属性和方法是不能被子类继承的，更不能被子类访问。

6．如果需要在子类中调用父类的方法，可以使用内置函数（　　）或通过父类名.方法名()的方式来实现。

7．子类想按照自己的方式实现方法，需要（　　）从父类继承的方法。

8．在类中__init__()称为（　　），在创建类的对象时，系统会自动调用构造方法，从而实现对对象进行初始化的操作。

9．Python 中引入模块的关键字是（　　）。

10．类方法是类所拥有的方法，需要用修饰符（　　）来标识其为类方法。

三、判断题

1．Python 中一个类只能创建一个对象。（　　）

2．在类的方法中可以调用类中定义的其他方法。（　　）

3．可以通过类名访问类中的私有属性。（　　）

4．在面向对象中实现多态需要依赖继承。（　　）

5．在类的实例方法中有 self 参数，但在外部通过对象名调用对象方法时不需要给 self 传递实参。（　　）

四、编程题

1．编写海龟绘制正五角星程序，如图 6.20 所示。

2．编写海龟绘制正八边形程序。

3．海龟绘制如图 6.21 所示移动的正方形。

4．海龟绘制如图 6.22 所示带填充五角星。

 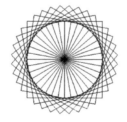 

图 6.20　五角星　　　　图 6.21　移动的正方形　　　图 6.22　带填充的五角星

5．设计一个 Person（人）类，包括姓名、年龄和血型等属性。编写构造方法用于初始化每个人的具体属性值，编写 detail 方法用于输出每个实例具体的值。请编写程序验证类的功能。

6．设计一个 Circle（圆）类，包括半径和颜色属性，编写构造方法和其他方法，计算圆的周长和面积。请编写程序验证类的功能。

7．编写程序输出如下信息，要求通过面向对象程序设计方法进行设计。

----------------丽丽，10 岁，女，喜欢上语文课----------------

----------------丽丽，10 岁，女，喜欢看电影--------------------

----------------丽丽，10 岁，女，喜欢打篮球--------------------

----------------强强，12 岁，男，喜欢上语文课----------------

----------------强强，12 岁，男，喜欢看电影--------------------

----------------强强，12 岁，男，喜欢打篮球--------------------

8．创建三个游戏人物，分别是：

（1）小 A，女，18，初始战斗力 1000

（2）小 B，男，20，初始战斗力 1800

（3）小 C，女，19，初始战斗力 2500

游戏场景，分别是：

（1）草丛战斗，消耗 200 战斗力

（2）自我修炼，增长 100 战斗力

（3）多人游戏，消耗 500 战斗力

请编写程序模拟游戏场景。

9．设计一个 Animal（动物）类，包括颜色属性和发声方法。再设计一个 Fish（鱼）类，包括尾巴和颜色两个属性，以及发声方法。要求：Fish 类继承自 Animal 类，重写构造方法和发声方法。

第7章 数 据 结 构

数据结构是计算机存储、组织数据的方式。数据结构是指相互之间存在一种或多种特定关系的数据元素的集合。通常情况下，精心选择的数据结构可以带来更高的运行或者存储效率。数据结构往往同高效的检索算法和索引技术有关。

在第 1 章已经见过 Python 字符串，它本质上是字符组成的序列。除字符串外，Python 还有另外一些序列结构：列表、元组、字典以及集合等。这些序列结构可以包含零个或多个元素。与字符串不同的是，它们有时并不要求所含元素的种类相同，每个元素都可以是任何 Python 类型的对象。得益于此，人们可以根据自己的需求和喜好创建具有任意深度及复杂度的数据结构。

7.1 列表

7.1.1 列表创建

列表（list）是包含 0 个或多个元素的有序序列。

1. 为什么需要列表

求随机 5 个数的和，不用列表，只能编写硬代码 s=12+3+32+11+15，这样不仅不灵活且不容易扩充。

如果用列表组织数据，就可以使用循环：

```
list_1=[12,3,32,11,15]
s=0
for x in list_1:
    s=s+x
print(s)        #返回:73
```

或

```
list_1=[12,3,32,11,15]
s=0
for x in range(len(list_1)):
    s=s+list_1[x]
print(s)        #返回:73
```

2．列表特性

1）列表的长度和内容都是可变的，可对列表中的元素进行增加、删除或替换。

2）列表元素类型可以同时包含整数、实数、字符串等基本类型，也可以是其他自定义类型的对象，使用非常灵活。

3）列表依照从前往后的顺序排列。

4）列表支持切片和索引。

3．用[]创建列表

（1）语法

将逗号分隔的同类或不同类元素使用方括号括起来。

（2）快速体验

```
weekdays = ['Monday', 'Tuesday', 'Wednesday', 'Thursday', 'Friday']
list1=[1,'dodo',[2,3]]
```

列表 list1 有三个元素，类型不同，结构也不同，第 3 个元素还是个列表。

4．用 list 方法创建列表

（1）语法

```
list(obj)
```

obj 可以是字符串、**range** 对象等。

（2）快速体验

```
list2=list('hello world')
```

5．创建空列表

1）[]

2）list()

7.1.2 列表元素获取

7.2 列表元素
获取

与字符串的索引一样，列表索引也是从 0 开始的。可以通过下标索引的方式来访问列表中的值。

1．通过索引获取

1）和字符串一样，通过偏移量可以从列表中提取对应位置的元素，如：

```
weekdays[2]    #返回: 'Wednesday'
```

2）负的索引代表从尾部开始计数（末尾元素的负数索引为-1），如：

```
weekdays[-3]    #返回: 'Wednesday'
```

3）指定的索引值对于待访问列表必须有效——该位置的元素在访问前已正确赋值。当指定的索引值小于起始位置或者大于末尾位置时，会产生异常（错误），如：

```
weekdays[5]或weekdays[-10]    #返回错误
```

4）当获取包含列表的元素时，需要使用双重索引，如：

```
small_birds = ['hummingbird', 'finch']
extinct_birds = ['dodo', 'passenger pigeon', 'Norwegian Blue']
```

```
all_birds = [small_birds, 'macaw', carol_birds]
all_birds[0]        #返回: ['hummingbird', 'finch']
all_birds[1]        #返回: 'macaw'
all_birds[0][1]     #返回: 'finch'，注意: 双重索引。
```

2．切片访问

切片与索引类似，都可以获取序列中的元素，区别是索引只能获取单个元素，而切片可以获取一定范围内的多个元素组成的列表。

切片通过冒号隔开的两个索引来实现，返回一个子列表，其语法如图 7.1 所示。

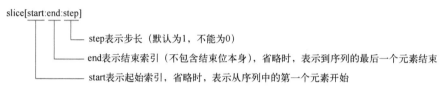

图 7.1　切片语法

假设 list=[1,2,3,4,5,6,7,8]，切片访问见表 7.1。

表 7.1　切片访问 list

切 片 方 式	描　　述	结　果
strs[5:]	获取 list 中从索引 5 开始到最后一个的所有元素	[6,7,8]
list[:3]	获取 list 中索引 0～2 之间所有元素	[1,2,3]
list[1:3]	获取 list 中索引 1～3 之间所有元素	[2,3]
list[::],list[:]	获取 list 所有元素	[1,2,3,4,5,6,7,8]
list[-3: -1]	获取 list 中从索引-3 开始到倒数第 2 个元素	[6,7]
list[-1: -3]	注意：开始索引值>结束索引值	返回错误
list[8:11]	注意：超过最大索引值部分为空	[]
list[5:11]	注意：超过最大索引值部分为空	[6,7,8]
list[0:7:2]，list[::2]	将步长设置为 2，获取 list 从开始到结束的元素	[1,3,5,7]
list[::-1]	list 反序输出	[8,7,6,5,4,3,2,1]

3．返回指定元素在列表中首次出现的位置

```
list.index(element)
```

7.1.3　列表统计与判断：计算器模拟

1．求列表长度

（1）语法

```
len(list)
```

（2）快速体验

```
weekdays = ['Monday', 'Tuesday', 'Wednesday', 'Thursday', 'Friday']
```

7.3　列表统计与判断

```
len(weekdays)          #返回; 5
```

2．求最大元素

（1）语法

```
max(list)
```

（2）快速体验

```
max(weekdays)          #返回: 'Wednesday'
```

（3）说明

求最小元素，min(list)

3．求列表元素之和

（1）语法

```
sum(list)
```

（2）快速体验

```
sum([2,3,5])          #返回: 10
```

4．统计指定元素在列表中出现的次数

（1）语法

```
list.count(element)
```

（2）快速体验

```
lx=[2,3,4,3,5,3,6]
lx.count(3)           #返回: 3
```

5．判断元素是否在列表中

```
print('sun' in weekdays)    #返回:False
```

6．案例

【案例 7.1】 计算器模拟。

【问题分析】

让用户从键盘输入两个数和运算符['+','-','*','/']，输出运算结果。如果运算符输入有误，提示：输入的运算符有误，请输入四则运算符！

【参考代码】

```
operator_list = ['+','-','*','/']                    #创建列表并赋值四则运算符
number_1 = float(input("请输入第一个操作数: "))      #获取第一个操作数
operator = input("请输入运算符: ")                    #获取运算符
number_2 = float(input("请输入第二个操作数: "))      #获取第二个操作数
if operator not in operator_list:                    #输入的运算符不是四则运算符
    print("输入的运算符有误，请输入四则运算符! ")     #输出提示语
else:                                                #输入的运算符属于四则运算符
    result =eval(str(number_1)+operator+str(number_2))          #两数运算
print(number_1,operator,number_2,"=",result)#输出运算结果
```

【运行结果】

```
请输入第一个操作数: 3
请输入运算符: /
请输入第二个操作数: 2
3.0 / 2.0 = 1.5
```

【程序说明】

1）eval 函数功能：将字符串 str 当成有效的表达式来求值并返回计算结果。

2）用列表存储四则运算符，可以使用 in 判断输入的运算符是否正确，否则要逐一判断。

7.1.4 列表扩充

1. 为列表添加一个元素

（1）语法

```
list.append(obj)
```

（2）快速体验

```
add_list = [0,1,2,3]
add_list.append([4,5])      #返回: [0,1,2,3,[4,5]]
```

2. 为列表添加多个元素

（1）语法

```
list.extend(obj)
```

（2）快速体验

```
add_list = [0,1,2,3]
add_list.extend([4,5])      #返回: [0,1,2,3,4,5]
```

3. 将指定对象插入列表的指定位置

（1）语法

```
list.insert(index,obj)
```

（2）快速体验

在列表中查找元素，如果找到，则输出该元素在列表中的索引位置，否则输出未找到。

```
list = [2,5,8,15]
list.insert(1,3)
print(list)
```

4. 利用切片扩充列表元素

```
x=[1,2,5,6,7]
x[1:1] = [9,11]     #在列表 x 中索引为 1 的位置前插入列表[9,11]，1 以后位置的
数据顺延
print(x)    #返回: [1, 9, 11, 2, 5, 6, 7]
```

5. 列表连接

（1）语法

```
list1+list2+…
```

（2）快速体验

```
print([1]+[2]+[3])        #返回: [1,2,3]
```

7.1.5　列表删除

1. 移除指定索引的元素（默认为最后一个元素）

```
list.pop([index])
```

2. 移除列表中出现的第一个 obj 元素

```
list.remove(obj)
```

3. 切片用于列表元素

```
x = [1,9,11,2,5,6,7]
x[2:5] = []              #删除 x 中索引为 2~4 的元素
print(x)                 #返回: [1, 9, 6, 7]
```

4. del 命令

可根据索引删除列表中的元素，还可以使用切片的方式删除列表中的元素。

```
x = [1, 2, 3, 4]
del x[2]                 #返回: [1, 2, 4]
```

7.1.6　列表排序

1. 列表逆序

```
list.reverse()
```

2. 覆盖式排序（默认为升序排序）

```
list.sort([key=None][,reverse=False])
```

注意：排序后的新列表会覆盖原列表。

3. 非覆盖式排序

```
sorted(iterable[,key=None][,reverse=False])
```

与 sort() 方法不同，sorted() 返回新列表，并不对原列表进行任何修改。

7.2　元组

7.5　元组

元组（tuple）与列表类似，元组也是由任意类型元素组成的序列。与列表不同的是，元组是不可变的，这意味着一旦元组被定义，将无法再进行增加、删除或修改元素等操作。因此，元组就像是一个常量列表。

7.2.1　元组创建

1．元组特性

1）元组长度不限。

2）元组由不同类型元素组成。

3）元组是可循环的有序序列。

4）元组一经定义，不能修改。

5）元组的优势是占用的空间较小。

6）元组支持切片和索引。

2．用()创建元组

（1）语法

将逗号分隔的同类元素使用圆括号括起来。

（2）快速体验

```
x=('a', 'b', 1, 2,3)
y=('a','b','c','d')
m = ()              #创建空元组 x
n = (1,)            #创建只有一个元素的元组 x，注意：逗号不能省略。
```

3．用 tuple 方法创建元组

（1）语法

```
tuple(obj)
```

obj 可以是字符串、列表等

（2）快速体验

```
tuple([1,2,3])      #返回: (1,2,3)
tuple('Python')     #返回: ('P','y','t','h','o','n')
```

7.2.2　获取元组元素

与列表类似，可以使用索引或切片来访问元组中的元素。

```
x[1:3]              #返回: ('b', 1,)
```

1．元组的切片访问

（1）语法

```
tuple1[int1:int2:int3]
```

（2）快速体验

```
a=("I","study","Python",[1,4,5,6])
print(a[0:3])  #返回: ("I","study","Python")
```

2．元组拆包访问

（1）描述

拆包就是将列表（list）、元组（tuple）、字典（dict）三种类型的元素，全部提炼出来的过程；或者使用变量去接收函数返回值的过程。

（2）快速体验

```
a=("I","study","Python",[1,4,5,6])
s1,s2,s3,list_1=a;
print(s1,s2,s3,list_1);
```

（3）说明

1）拆包操作中，给最后一个变量加上*就会把后面所有剩余的全部打包给它，如：

```
s5,*n=a;
print(s5);
print(*n);
```

2）选择元组拆包，用"_"来表示不拆包，如：

```
str1 , _ , str2 ,_=a;
print(str1,str2);
```

3.通过遍历元组访问元组元素

```
for x in a:
    print(x)
```

7.2.3 合并元组

（1）描述

元组中的元素值是不允许修改的，但可以对元组进行连接组合。

（2）快速体验

```
x=('a', 'b', 1, 2,3)
y=('a','b','c','d')
z = x + y  #返回: ('a', 'b', 1, 2, 3, 'a', 'b', 'c', 'd')
```

7.3 字典

在实际开发过程中，经常会遇到需要将相关数据关联起来的情况，例如处理学生的学号、姓名、年龄、成绩等信息。另外，还会遇到需要将一些能够确定的不同对象看成一个整体的情况。Python 提供了字典和集合这两种数据结构来解决上述问题。

字典是 Python 中常用的一种数据存储结构，由键-值对组成。

7.3.1 字典创建

7.6 字典创建

1.字典特点

1）字典长度不限。

2）字典中的每个元素是键-值对形式，表示一种映射关系。

3）键必须是唯一的，键可以是 Python 中任意不可变数据，如整数、实数、复数、字符串、元组等类型。

4）值支持任意类型数据。

5）字典依照从前往后的顺序排列。

2．用{}创建

（1）语法

```
{键 1:值 1，键 2:值 2，键 3:值 3,…}
```

（2）快速体验

```
stu_info = {'num':'20180101', 'name':'Liming', 'sex':'male'}   #创建字典
stu_class1 = {   #字典中嵌入列表
    'Mary':['C','Math'],
    'Jone':['Java','Art'],
    'Lily':['Python'],
    'Tony':['Python','Mysql','Math']
    }
stu_info1 = {     #字典中嵌套字典
    'WangMi':{'sex':'F','age':'15'},
    'LinMei':{'sex':'M','age':'14'},
    'ChenHui':{'sex':'F','age':'14'}
    }
```

3．使用内置函数 dict()创建字典

（1）语法

```
dict(obj)
```

obj 是元组列表、关键字参数以及 zip。

（2）快速体验

```
#通过元组列表创建
stu_info1= dict([('num', '20180101'), ('name', 'Liming'), ('sex',
'male')])
#通过关键字参数创建
stu_info2 = dict(num = '20180101', name = 'Liming', sex = 'male')
#通过 zip 结合列表创建
stu_info3 = dict(zip(['num', 'name', 'sex'], ['20180101', 'Liming',
'male']))
```

4．使用 fromkeys()方法创建字典

（1）描述

当所有键对应同一个值时，可使用 fromkeys()方法创建字典。

（2）快速体验

```
dict.fromkeys(['Wangwu','Zhangsan'],'18')    #返回：{'Wangwu':'18',
'Zhangsan':'18'}
```

5．说明

1）字典中的"键"是唯一的，创建字典时若出现"键"相同的情况，则后定义的键-值对将覆盖先定义的键-值对。如：{'a':1, 'b':2, 'b':'3'}返回{'a':1,'b':'3'}。

2）字典中元素打印出来的顺序与创建时的顺序不一定相同，这是因为字典中各个元素并没有前后顺序。

7.3.2 获取字典元素：账号密码登录模拟

1．使用 keys()方法获取字典键

（1）语法

```
dict.keys()
```

（2）快速体验

```
stu_class = {'Mary':'C','Jone':'Java','Lily':'Python','Tony':'Python'}
for name in stu_class.keys():          #遍历字典所有的键
    print(name)
#返回：Mary
        Jone
        Lily
        Tony
```

2．使用 values()方法获取所有值

（1）语法

```
dict.values()
```

（2）快速体验

```
stu_class = {'Mary':'C','Jone':'Java','Lily':'Python','Tony':'Python'}
for cla in stu_class.values():         #遍历字典所有的值
    print(cla)                         #输出每个值
#返回：C
        Java
        Python
        Python
```

3．使用 items()方法获取所有键-值对元组列表

（1）语法

```
stu_class.items()
```

（2）快速体验

```
stu_class = {'Mary':'C','Jone':'Java','Lily':'Python','Tony':'Python'}
```

7.7 获取字典元素

```
for name, cla in stu_class.items():          #遍历键–值对
    print(name,'选修的是',cla)                #输出每个值
#返回: Mary 选修的是 C
      Jone 选修的是 Java
      Lily 选修的是 Python
      Tony 选修的是 Python
```

4. 根据键访问值

（1）描述

字典中的每个元素表示一种映射关系，将提供的"键"作为下标可以访问对应的"值"，如果字典中不存在这个"键"则会抛出异常。

（2）快速体验

```
stu_info = {'num':'20180105', 'name':'Yinbing', 'sex':'male'}
stu_info['num']                    #返回: '20180105'
```

5. 使用 get()方法访问值

（1）描述

在访问字典时，若不确定字典中是否有某个键，可通过 get()方法进行获取。若该键存在，则返回其对应的值；若不存在，则返回指定的默认值。

（2）快速体验

```
stu_info.get('num')               #返回: '20180105'
stu_info.get('age',18)            #返回: 18
```

6. 案例

【案例 7.2】 账号密码登录模拟。

【问题分析】

编写一个多用户登录验证程序，要求：

1）输入用户名和密码。

2）认证成功显示登录信息。

3）同一用户输错 3 次密码后被锁定，并退出程序。

【参考代码】

```
count =0                            #定义 count 变量并赋初值为 0
dict1={'alex':[123,count],'Tom':[456,count]}#定义字典用于存储用户信息
while True:                         #开始循环
    name = input("请输入你的账号:")  #输入用户名
    password = int(input("请输入你的密码:"))  #输入密码
    if name not in dict1.keys():    #如果输入的用户名不在字典中
        print("账号 %s 不存在"%name)  #输出提示语
        break                       #跳出循环
    if dict1[name][1] > 2:          #如果次数大于 2
```

```
            print("您已输入超过三次，%s 账号被锁定"%name)  #输出被锁定提示信息
            break                              #跳出循环
    if password == dict1[name][0]:             #如果输入的密码正确
        print("登录成功")                       #输出登录成功提示语
        break                                  #跳出循环
    else:                                      #密码输入错误
        print("账号或密码错")                    #输出提示语
        dict1[name][1] +=1                      #次数加 1
```

【运行结果】

测试 1 结果:

请输入你的账号:Tom

请输入你的密码:123

账号或密码错

请输入你的账号:Tom

请输入你的密码:456

登录成功

测试 2 结果:

请输入你的账号:cxy

请输入你的密码:123

账号 cxy 不存在

测试 3 结果:

请输入你的账号:Tom

请输入你的密码:111

账号或密码错

请输入你的账号:Tom

请输入你的密码:222

账号或密码错

请输入你的账号:Tom

请输入你的密码:333

账号或密码错

请输入你的账号:Tom

请输入你的密码:444

您已输入超过三次,Tom 账号被锁定

【程序说明】

1）字典 dict1 是一个嵌套列表的字典。

2）最后一行，dict1[name][1]获取字典列表 count 值。

3）dict1[name][0]获取字典列表第 1 个元素值，即密码。

4）程序使用了三个并列分支，其中，两个为单分支，一个为双分支。

5）代码第 3 行是个无限循环，有三个出口。

7.3.3　添加字典元素

1. 直接添加，给定键–值对

（1）语法

```
dict1['key']=values
```

（2）快速体验

```
stu_info = {'num':'20180105', 'name':'Yinbing', 'sex':'male'}
print(stu_info)
#返回: {'num':'20180105', 'name':'Yinbing', 'sex':'male'}
stu_info['age'] = 18
print(stu_info)
#返回: {'num':'20180105', 'name':'Yinbing', 'sex':'male', 'age':18}
```

2. 使用 update 方法添加

（1）语法

```
dict1.update('key':values)
```

（2）快速体验

```
xx = {'score':98}
stu_info = {'num':'20180105', 'name':'Yinbing', 'sex':'male', 'age':18}
stu_info.update(xx)
print(stu_info)
#返回: {'num':'20180105', 'name':'Yinbing', 'sex':'male', 'age':18, 'score':98}
```

7.3.4　删除字典元素

（1）描述

要删除字典中的元素或整个字典，可以使用 del 命令、clear()、pop()和 popitem()方法。

（2）快速体验

```
del stu_info['age']           #删除 age 键–值对
stu_info.clear()              #清空字典,该方法不包含任何参数，也没有返回值
stu_info.pop('age')          #删除 age 键–值对
del[stu_info['age']]         #最外方括号不能省略
```

7.3.5　修改字典元素

（1）语法

```
dict1['key']=values
```

与添加元素格式一样，区别是如果 key 不在字典中就是添加，否则就是修改。

（2）快速体验

```
stu_info['age']='20'或 stu_info.update({'age':'20'}) #修改 age 的值
```

7.3.6　字典其他操作

1．使用 in 判断键是否存在

```
stu_class = {'Mary':'C','Jone':'Java','Lily':'Python','Tony':'Python'}
print('Mary' in stu_class)  #返回: True
```

2．字典排序

（1）描述

Python 中的字典是无序类型，没有自己的排序方法。但可以用列表的.sort()方法来进行排序。首先要把字典转换为列表，再进行排序。

（2）快速体验

【案例 7.3】　对列表内的字典排序。

【问题分析】

假设有一份成绩见表 7.2，按成绩进行升序排序。

表 7.2　学生成绩

学号	姓名	科目	成绩
2	李四	数学	77
3	王五	数学	78
1	张三	数学	90
3	王五	英语	76
1	张三	英语	90
2	李四	英语	91
1	张三	语文	88
3	王五	语文	88
2	李四	语文	89

【参考代码】

```
score = [{'学号': 2.0, '姓名': '李四', '科目': '数学', '成绩': 77.0},
         {'学号': 3.0, '姓名': '王五', '科目': '数学', '成绩': 78.0},
         {'学号': 1.0, '姓名': '张三', '科目': '数学', '成绩': 90.0},
```

```
            {'学号': 3.0, '姓名': '王五', '科目': '英语', '成绩': 76.0},
            {'学号': 1.0, '姓名': '张三', '科目': '英语', '成绩': 90.0},
            {'学号': 2.0, '姓名': '李四', '科目': '英语', '成绩': 91.0},
            {'学号': 1.0, '姓名': '张三', '科目': '语文', '成绩': 88.0},
            {'学号': 3.0, '姓名': '王五', '科目': '语文', '成绩': 88.0},
            {'学号': 2.0, '姓名': '李四', '科目': '语文', '成绩': 89.0}]
score.sort(key=lambda x: (x['成绩']))  # 成绩进行排序
print(score)
```

【运行结果】略

【程序说明】按照科目和成绩进行双排序。

7.4 集合

7.4.1 集合创建

7.9 集合

1．集合特点

1）集合（set）与数学中集合的概念一致，即包含 0 个或多个数据项的无序组合。

2）集合中的元素不可重复，所以，使用集合类型能够过滤掉重复元素。

3）集合元素类型只能是固定数据类型，如整数、浮点数、字符串以及元组等，不能是列表、字典和集合等可变数据类型。

4）集合就像舍弃了值，仅剩下键的字典。

5）集合是可循环的无序序列。

6）集合不支持索引。

2．用{}创建集合

（1）语法

可以使用大括号 { } 或者 set() 函数创建集合，注意：创建一个空集合必须用 set() 而不是 { }。

（2）快速体验

```
set1={1, 2, 3, 4}
set2=set([1,2,3])
```

3．用 set 方法创建集合

（1）语法

```
set(obj)
```

obj 可以是字符串、列表或元组。

（2）快速体验

```
set([1,2,3])        #返回: {1, 2, 3}
set((1,2,3))        #返回: {1, 2, 3}
```

```
set('123')              #返回: {'2', '1', '3'}
```

4.创建空集

只能用 set()，而不可以用{}，因为{}表示空字典。

7.4.2 添加集合元素

1. add 方法

（1）语法

```
s.add( x )
```

将元素 x 添加到集合 s 中，如果元素已存在，则不进行任何操作。

（2）快速体验

```
thisset = set(("Google", "Runoob", "Taobao"))
thisset.add("Facebook")
print(thisset)
#返回: {'Taobao', 'Facebook', 'Google', 'Runoob'}
```

2. update

还有一个方法，也可以添加元素，且参数可以是列表、元组、字典等，语法格式如下：

（1）语法

```
s.update( x )
```

x 可以有多个，用逗号分开，参数可以是列表、元组、字典等。

（2）快速体验

```
thisset = set(("Google", "Runoob", "Taobao"))
thisset.update({1,3})
print(thisset)
#返回: {1, 3, 'Google', 'Taobao', 'Runoob'}
```

7.4.3 移除集合元素

1. remove 方法

（1）语法

```
s.remove( x )
```

将元素 x 从集合 s 中移除，如果元素不存在，则会发生错误。

（2）快速体验

```
thisset = set(("Google", "Runoob", "Taobao"))
thisset.remove("Taobao")
print(thisset)
#返回: {'Google', 'Runoob'}
```

2．discard 方法

（1）语法

```
s.discard( x )
```

（2）快速体验

```
thisset = set(("Google", "Runoob", "Taobao"))
thisset.discard("Facebook")   # 不存在不会发生错误
print(thisset)
#返回: {'Taobao', 'Google', 'Runoob'}
```

3．pop 方法

（1）语法

```
s.pop()
```

（2）快速体验

```
thisset = set(("Google", "Runoob", "Taobao", "Facebook"))
x = thisset.pop()
print(x)
#返回: Runoob
```

（3）说明

多次执行测试结果都不一样。

set 集合的 pop 方法会对集合进行无序的排列，然后将这个无序排列集合的左面第一个元素进行删除。

4．清空集合

语法：`s.clear()`

7.4.4　集合统计及判断

1．计算集合 s 元素个数

（1）语法

```
len(s)
```

（2）快速体验

```
thisset = set(("Google", "Runoob", "Taobao"))
len(thisset)    #返回: 3
```

（3）说明

统计运算还包括：s.max()、s.min()、s.sorted()、s.sum()等。

2．判断元素是否在集合中存在

（1）语法

```
x in s
```

判断元素 x 是否在集合 s 中，存在则返回 True，不存在则返回 False。

（2）快速体验

```
thisset = set(("Google", "Runoob", "Taobao"))
print("Runoob" in thisset)        #返回: True
print("Facebook" in thisset)      #返回: False
```

7.4.5 专门集合运算：生词本

7.10 专门集合
运算

1. 描述

专门的集合运算见表 7.3。

表 7.3 专门集合运算

操 作 符	描 述
A|B	并集
A&B	交集
A-B	差集，返回包括在集合 A 中但不在集合 B 中的元素
A^B	对称差，返回包括集合 A 和 B 中的元素，但不包括同时在集合 A 和 B 中的元素
A<=B	如果 A⊆B，返回 True，否则返回 False

专门集合运算规则如图 7.2 所示。

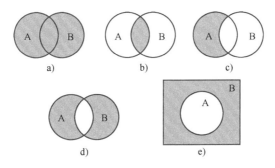

图 7.2 专门的集合运算规则

a) A|B b) A&B c) A-B d) A^B e) A<=B

2. 案例

【案例 7.4】 背单词是英语学习中最基础一环，不少同学在背单词的过程中，会整理自己的生词本，以不断拓展自己的词汇量。本案例要求编写生词本程序。

【问题分析】

生词本 book 是个集合，集合元素是字典{单词：中文翻译}，程序是个无限循环，直到输入数字 6 结束，循环体内动态选择数字 1、2、3、4、5 分别执行"查询生词本""背单词""添加新词""删除单词""清空生词本"功能。程序流程如图 7.3 所示。

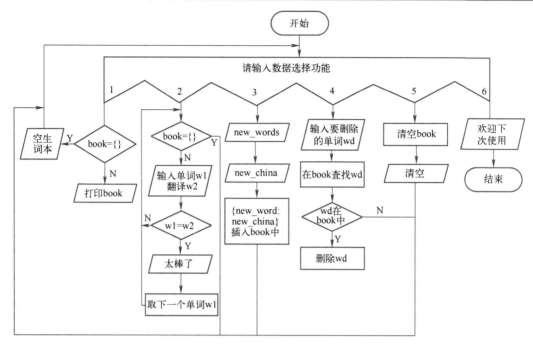

图 7.3 案例 7.4 流程图

【参考代码】

```python
data_set = set()
print('=' * 20)
print('欢迎使用生词记录器')
print('1.查看单词本')
print('2.背单词')
print('3.添加新单词')
print('4.删除单词')
print('5.清空单词本')
print('6.退出')
print('=' * 20)
while 1:
    word_data_dict = {}
    fun_num = input('请输入功能编号: ')
    if fun_num == '1':  # 查看生词本
        if len(data_set) == 0:
            print('生词本内容为空')
        else:
            print(data_set)
    elif fun_num == '2':  # 背单词
```

```
        if len(data_set) == 0:
            print('生词本内容为空')
        else:
            for random_words in data_set:
                w = random_words.split(':')
                in_words = input("请输入" + w[1]+': \n')    #输入单词翻译
                if in_words == w[2].strip():
                    print('太棒了')
                else:
                    print('再想想')
    elif fun_num == '3':   # 添加新单词
        new_words = input('请输入新单词: ')
        new_china = input('请输入单词翻译: ')
        word_data_dict.update({'单词': new_words, '翻译': new_china})
        dict_str = str(word_data_dict).replace('{', '') \
            .replace('}', '').replace("'", '')
        data_set.add(dict_str)
        print('单词添加成功')
        dict_str = dict_str.replace(',','')
        print(dict_str)
    elif fun_num == '4':   # 删除单词
        if len(data_set) == 0:
            print('生词本为空')
        else:
            li_st = list(data_set)
            print(li_st)
            del_wd = input("请输入要删除的单词: ")
            for i in li_st:
                if del_wd in i:
                    data_set.remove(i)
                    print('删除成功')
                    break
                else:
                    print('请输入正确的单词')
    elif fun_num == '5':   # 清空
        if len(data_set) == 0:
            print('生词本为空')
```

```
    else:
        data_set.clear()
        print('清空')
elif fun_num == '6':
    print('欢迎下次使用')
    break
```

【运行结果】

```
====================
欢迎使用生词记录器
1.查看单词本
2.背单词
3.添加新单词
4.删除单词
5.清空单词本
6.退出
====================
请输入功能编号: 3
请输入新单词: set
请输入单词翻译: 集合
单词添加成功
单词: set 翻译: 集合
请输入功能编号: 3
请输入新单词: list
请输入单词翻译: 列表
单词添加成功
单词: list 翻译: 列表
请输入功能编号: 1
{'单词: list, 翻译: 列表', '单词: set, 翻译: 集合'}
请输入功能编号: 2
请输入 list, 翻译:
集合
再想想
请输入 set, 翻译:
列表
再想想
请输入功能编号: 列表
请输入功能编号: 6
欢迎下次使用
```

【程序说明】

1）本案例给出了菜单编程模板。

2）代码第 2 行：print('=' * 20)　#输出 20 个"*"。

3）while 1 表示无限循环。

4）在"背单词"功能第 6 行代码：w = random_words.split(':')，将集合元素转换为列表，w[1]表示单词，w[2]是对应 w[1]的中文翻译，如果用 items()方法，如何修改代码？

5）在"添加新单词"功能第 5 行代码最后的"\"表示续行。

6）在"添加新单词"功能第 5 行代码:

```
dict_str = str(word_data_dict).replace('{', '') \
           .replace('}', '').replace("'", '')
```

作用是去掉"{""}"和"'"。

7）在"添加新单词"功能第 9 行代码：dict_str = dict_str.replace(',',")作用是去掉","。

7.11　推导式

7.5　推导式

推导式是利用一个或者多个循环快速简洁地创建数据结构的一种方法。它可以将循环和条件判断结合，从而避免语法冗长的代码。

7.5.1　列表推导式

1. 背景

可以从 1 到 5 创建一个整数列表，每次增加一项，如下：

```
number_list = []
number_list.append(1)
number_list.append(2)
number_list.append(3)
number_list.append(4)
number_list.append(5)
number_list          #返回: [1,2,3,4,5]
```

或者，可以结合 range() 函数使用一个循环：

```
number_list = []
for number in range(1, 6):
    number_list.append(number)
number_list          #返回: [1,2,3,4,5]
```

或者，直接把 range() 的返回结果放到一个列表中：

```
number_list = list(range(1, 6))
```

```
number_list            #返回: [1,2,3,4,5]
```

2．无条件列表推导式

（1）语法

```
[ expression for i in iterable ]
```

列表推导把循环放在方括号内部。

（2）快速体验

```
number_list = [number for number in range(1,6)]
number_list            #返回: [1,2,3,4,5]
```

在第一行中，第一个 number 变量为列表生成值，也就是说，把循环的结果放在列表 number_list 中，第一个 number 也可以为表达式；第二个 number 为循环变量。

（3）拓展

```
number_list = [number-1 for number in range(1,6)]
number_list            #返回: [0,1,2,3,4]
number_list = [number**2 for number in range(1,6)]
number_list            #返回: [1,4,9,16,25]
```

3．有条件列表推导式

（1）语法

```
[expression for item in iterable if condition]
```

（2）快速体验

通过推导创建一个 1～5 之间的奇数列表。

```
a_list = [number for number in range(1,6) if number % 2 == 1]
a_list     #返回: [1,3,5]
```

上面的列表推导式要比之前传统的方法简洁：

```
a_list = []
for number in range(1,6):
    if number % 2 == 1:
        a_list.append(number)
```

（3）拓展

像嵌套循环一样，在对应的推导中会有多个 for 语句，如：

```
[(row, col) for row in range(1,4) for col in range(1,3)]
#返回: [(1, 1), (1, 2), (2, 1), (2, 2), (3, 1), (3, 2)]
```

7.5.2 字典推导式

1．语法

```
{ key_expression : value_expression for expression in iterable }
```

2．快速体验

```
word = 'letters'
```

```
letter_counts = {letter: word.count(letter) for letter in word}
letter_counts     #返回: {'l': 1, 'e': 2, 't': 2, 'r': 1, 's': 1}
```

程序中，对字符串"letters"中出现的字母进行循环，计算出每个字母出现的次数。

3. 拓展

类似于列表推导，字典推导也有 if 条件判断以及多个 for 循环迭代语句。

7.5.3　集合推导式

1. 语法

```
{expression for expression in iterable }
```

2. 快速体验

```
a_set = {number for number in range(1,6) if number % 3 == 1}
a_set          #返回: {1, 4}
```

7.6　数据框

7.6.1　数据框创建

7.12　数据框创建

数据框（Data Frame，DF）是由一组数据 df.values、行索引 df.index 和列索引 df.columns 组成的二维数据结构，如图 7.4 所示。

	Sno	Sname	Sex	Age	Sdept
0	200215121	李勇	男	20	CS
1	200215122	刘晨	女	19	CS
2	200215123	王敏	女	18	MA
3	200215125	张立	男	19	IS
4	200311001	姜玉	男	20	IS

图 7.4　数据框

使用数据框，首先要导入 pandas 模块，简写为 pd。如：

```
import pandas as pd
```

1. 从嵌套列表中创建数据框

（1）语法

```
list1=[list11,list12,list13]
pd.DataFrame(list1[,index=,columns=])
```

注意：内嵌的列表要等长，长度就是数据框列数，内嵌列表个数就是数据框行数。columns 指定列索引，index 指定行索引。

（2）快速体验

```
list1 =list2 = [["Jane",15,101],["David",18,103],["Peter",16,102]]
df1 = pd.DataFrame(list2,index = [1,2,3],columns = ["name", "age",
"num"])
```

执行结果如图 7.5 所示。

Out[39]:

	name	age	num
1	Jane	15	101
2	David	18	103
3	Peter	16	102

图 7.5　数据框创建

2. 从字典中创建数据框

（1）语法

```
dict1={key1:[values1],key2:[values2],…}
pd.DataFrame(dict1)
```

（2）快速体验

```
dict1 = {"name":["Tony","Nancy","Judy","Cindy"],
        "age":[16,17,18,15],
        "sex":["male","female","female","female"]}
df2 = pd.DataFrame(dict1)
```

3. 从 csv 文件创建数据框

（1）语法

```
pd.DataFrame(pd.read_csv(文件名))
```

（2）快速体验

```
df3 = pd.DataFrame(pd.read_csv('name.csv'))
```

4. 从 Excel 文件创建数据框

（1）语法

```
pd.DataFrame(pd.read_excel(文件名))
```

（2）快速体验

```
df4= pd.DataFrame(pd.read_excel('name.xlsx'))
```

5. 数据框属性

1）查看维度：df.shape

2）查看列名：df1.columns

3）修改列名：df1.columns = ['姓名', '年龄', '学号']

4）查看所有列数据类型：df1.dtypes

7.6.2 获取数据框元素

1. 选择行

1）loc 方法：传入的是行所在行标签的名称。

```
df1.loc[2]                #返回行标签为 2 的行
```

注意：要想返回数据框，需要再加一层[]，如 **df1.loc[[2]]**，下同。

```
df1.loc[[1,3]]            ## 选择第 1 行和第 3 行
```

2）iloc 方法：传入的是行的绝对位置。

```
df1.iloc[2]               #返回行第 3 行
df1.iloc[:2]              # 选择前 2 行
df1.iloc[[0,2]]           # 选择第 1 行和第 3 行，或 df1.loc[[1,3]]
```

3）其他方法：

```
df.head()        #默认前 5 行数据
df.tail()        #默认后 5 行数据
```

4）条件过滤：

```
df[df["column_name"] == value]                          #单一条件过滤
df[(df["column_name1"]<=value2)&(df["column_name2"]==value2)]
                                                 #多条件过滤
df[df["Col3"] 关系表达式 value][["Col1","Col2"]]    #过滤满足条件的列
```

2. 选择列

1）列名方法：

```
df1["name"]              # 选择 name 列
df1[["name","num"]]      # 多列名要用列表
```

2）点方法：

```
df1.name                # 选择 name 列，只能选择一列
```

3. 行列同时选择

1）loc 方法：传入的是行所在行标签、所在列的名称。

```
df1.loc[[1,3],["name","age"]] # 获取 1、3 标签行，name,age 列
df1.loc[:,["name","num"]]     # 获取 name num 列的全部行
df1.loc[[2,3],:]              # 获取 2、3 标签行全部列
df1.loc[1:3,:]               # 获取 1~3 行全部列
```

2）iloc 方法：传入的是行所在行、所在列的绝对位置。

```
df1.iloc[[0,2],[0,1]]         # 获取第 0、2 行，第 0、1 列元素
df1.iloc[:,[0,2]]            # 获取第 0、2 列的全部行
df1.iloc[[1,2],:]            # 获取第 1、2 行全部列
df1.iloc[0:3,:]             # 获取第 1~3 行全部列
```

7.6.3 添加数据框元素

1．插入行

1）append 方法：追加一个数据框，如：

```
df2 = pd.DataFrame({"name":["Jane"],"age":[16],"sex":["female"]})
df_d.append(df2,ignore_index = True)
```

2）concat 方法：合并两个数据框，如：

```
pd.concat([df_d,df2],ignore_index = True)
```

2．插入列

```
df1["score"] = [85,58,99]        #直接对新增的列赋值
```

7.6.4 删除数据框元素

1．删除行

```
1）df1.drop(index = 行偏移量)                    # 删除行标签为 1 的行
2）df1 = df1.drop(df1[df1.score < 50].index)      # 删除满足条件的行
```

2．删除列

```
df1.drop(columns = "num")
```

3．删除全部

```
df1.drop(df.index, inplace=True):#数据框内的数据会被清空，但会保留表头
```

7.6.5 修改数据框元素

1．一对一替换

将 age 列中 15 替换为 25：

```
df1["age"].replace(15,25,inplace = True)  #如果去掉 inplace = True,
                                            则会改变数据类型
```

2．多对一替换

将 age 列中 18、16 替换为 26：

```
df1["age"].replace([18,16],26,inplace = True)
```

3．对应替换

将 num 列的 101、102、103 分别对应替换成 1001、1002 和 1003：

```
df1["num"].replace({101:1001,102:1002,103:1003},inplace = True)
```

4．条件替换

（1）语法

```
df1.loc[condition, column_label] = new_value
```

（2）快速体验

把年龄为 18 的性别修改为男性。

```
df1.loc[df1['age']==18,'sex']='male'
```

7.6.6 数据框统计分析

1. 数据框连接（见图 7.6）

7.14 数据框
统计分析

```
df_inner=pd.merge(df,df1,how='inner')      # 内连接
df_left=pd.merge(df,df1,how='left')        # 左外连接
df_right=pd.merge(df,df1,how='right')      # 右外连接
df_outer=pd.merge(df,df1,how='outer')      # 全连接
```

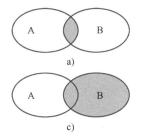
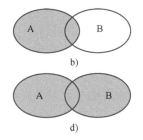

图 7.6　数据框连接示意图

a) 内连接　b) 左外连接　c) 右外连接　d) 全连接

默认连接字段为两个数据的第一列，如果不是，需要增加参数：left_on='col1'，right_on='col2'指明连接字段。

2. 常规统计

1）df.describe()：对数值型的数据进行统计。返回的信息包含：

非空值的数量 count；

均值 mean；

标准差 std；

最小值 min；

最大值 max；

25%、50%、75%分位数。

2）df.count()：每个字段中非空值的数量。

3）df.sum()：每个字段中非空值求和。

此外，还有 df.max()、df.min()、df.mean()、df.median()、df.mode()、df.var()、df.prod()、df["col_name"].tolist()等。

3. 缺失值

缺失值是数据集中未知、未收集或输入不正确的值。包括：空值或系统缺失值，空字符串值和空白（带有不可见字符的字符串）。

1）df.isnull()：有缺失值的位置显示 True，否则显示 False。

2）df.isnull().sum()：各列缺失值和。

3）df.dropna()：删除缺失值。

4. 分组统计

1）df ['a'].value_counts()：返回频率表，其中，a 列是类别型。

2）df.groupby(['key1','key2'])['col'].agg(['mean'])：按 key 分组求 col 列均值。mean 可以用 sum、max、min、count 等代替。

3）df.groupby(['key1']).mean()：按 key 分组求所有列均值。mean()可以用 sum()、max()、min()、size()、count()等代替。

7.6.7 模拟 SQL

结构化查询语言（Structured Query Language，SQL）是一种特殊目的的编程语言，即一种数据库查询和程序设计语言，用于对数据增、删、改、查和管理关系数据库系统。

7.15 模拟 SQL

【案例 7.5】 模拟 SQL：给定三张表如图 7.7 所示，回答以下问题。

图 7.7 学生表、课程表、选课表片段

1）查询学生的姓名；

2）查询全体学生的学号与姓名；

3）查询女学生的学号与姓名；

4）谁教"数据结构"；

5）刘岩老师教几门课；

6）有几门课没有先选课程，非空值个数；

7）没有先选课程的课程名；

8）共有几位老师；

9）数据库的先选课程是什么课程；

10）按课程号统计选课人数；

11）按学号统计总分；

12）查询选了 7 号课程的学生姓名；

13）没有选课的学生数；

14）成绩清零；

15）修改李勇的"数据库"成绩为 98。

【问题分析】

（1）查询模板

① df.iloc[行偏移量列表,列偏移量列表]

② df[条件][列名列表]

③ df.loc[行偏移量列表,列名列表]

④ df.loc[条件,列名列表]

（2）修改模板

① df.loc[条件,列名列表]=新值，如 s.loc[s["Sname"]=='李勇',['Sname']]='李晓勇'

② df.iloc[行偏移量列表,列偏移量列表]=新值，如 s.iloc[0,1]='王晓勇'

③ df.loc[行偏移量列表,列名列表]=新值

④ df["列名"].replace(旧值,新值,inplace = True)

（3）删除模板

① df.drop(index = 行偏移量)

② df = df.drop(df[条件].index)

【参考代码】

```
#导入数据：
import pandas as pd
import os
os.chdir("D:\课程\Python")        #设置当前路径
s= pd.DataFrame(pd.read_excel('sql.xlsx',2))
s.head()
c= pd.DataFrame(pd.read_excel('sql.xlsx',0))
c.head()
sc= pd.DataFrame(pd.read_excel('sql.xlsx',1))
sc.head()
#SQL 模拟
1、s.Sname.head()
2、s[['Sno','Sname']].head()
3、s[s['Sex']=='女'][['Sno','Sname']]
4、c[c['Cname']=='数据库'][['Tname']]
5、c[c['Tname']=='刘岩'].shape[0]
6、c.isnull().sum()[2]
7、c[c['Cpno'].isnull()][['Cname']]
```

```
8、c[['Tname']].value_counts().count()
9、df_inner=pd.merge(c,c,how='inner',left_on='Cpno',right_on='Cno')
   df_inner[df_inner['Cname_x']=='数据库'][['Cname_y']]
10、sc['Cno'].value_counts()
11、sc.groupby(['Sno'])['Score'].agg(['sum'])
12、df_inner=pd.merge(s,sc,how='inner')
   df_inner[df_inner['Cno']==7][['Sname']]
13、df_inner=pd.merge(s,sc,how='left')
   df_inner[df_inner['Cno'].isnull()][['Sname']].count()
14、df2=c
   df2.loc[:,['Score']] =0
15、df_inner=pd.merge(sc,s,how='inner')
   df1=pd.merge(df_inner,c,how='inner',left_on='Cno',right_on='Cno')
   df1.loc[(df1['Sname']=='李勇')&(df1['Cname']=='数据库'), ['Score_y']]=98
```

【程序说明】

1）每个问题答案不唯一，读者可以给出另外的实现代码。

2）注意使用数据框类型提供的方法，如 head()、append()、drop()、merge()等。

7.7   本章小结

数据结构小结如图 7.8 所示。

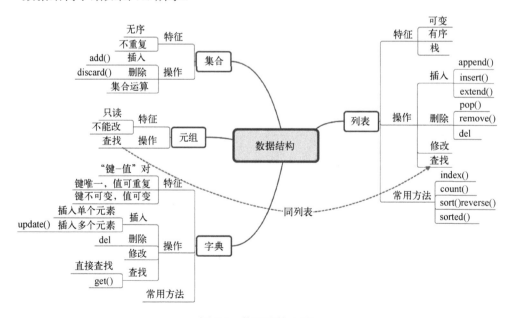

图 7.8   数据结构小结

1）在 Python 中，同一个列表中元素的数据类型可以各不相同，可以分别为整型、实型、字符串等基本类型，也可以是列表、元组等自定义类型对象，并且支持复杂数据类型对象的嵌套。

2）由于元组中的元素不能更改，所以在定义一个元组时，必须确定元组中的元素。

3）如果要创建只包含一个元素的元组，需要在元素后加一个逗号。

4）字典和集合都是无序的，可以使用字典的"键"作为下标来访问字典中的"值"，集合不支持使用下标的方式访问其中的元素。

5）字符串、列表、元组和集合比较见表 7.4。

表 7.4　字符串、列表、元组和集合比较

项目	元素类型	嵌套	赋值	删除元素	扩容	定义	类型转换	其他操作
字符串	字符	×	√	.replace()	+	'b'	str()	
列表	不同类型	√	√	.remove() del list[n] .pop()	.insert() .append() .expend() +	['b']	list()	.sort() .reverse() .count()
元组	同类	√	×	×	+	('b',)	tuple()	.sorted()
集合	同类	×	√	.pop() .discard() .remove() .clear()	.update() .add()	{'b'}	set()	&,|,-,^, in,<=

6）字典元素获取：

```
dict1.key()--->键
dict1.values()---->值
dict1.items()---->(键，值)
```

7）集合方法描述见表 7.5。

表 7.5　集合方法

操作函数或方法	描　　　　述
S.add(x)	如果数据项 x 不在集合 S 中，将 x 添加到 S 中
S.update(T)	合并集合 T 中的元素到当前集合 S 中，并自动去除重复元素
S.pop()	随机删除并返回集合中的一个元素，如果集合为空则抛出异常
S.remove(x)	如果 x 在集合 S 中，移除该元素；如果 x 不存在则抛出异常
S.discard(x)	如果 x 在集合 S 中，移除该元素
S.clear()	清空集合

习题 7

一、选择题

1. 若 number = [1,2,3,4,5]，执行 number.pop() 的结果是（　　　　）。

A. 1　　　　　　　B. 5　　　　　　　C. [2,3,4,5]　　　　　　D. [1,2,3,4]

2. 若 number = [1,2,3,4,5]，执行 number.pop() 后 number 的值是（　　　）。

    A．[1,2,3,4,5]　　　B．[ ]　　　　　C．[2,3,4,5]　　　　D．[1,2,3,4]

3. 下列选项中，字典格式正确的是（　　　）。

    A．a={key1,value1,key2,value2}　　　B．b=[key1:value1,key2:value2]

    C．c={key1,value1:key2,value2}　　　D．d={key1:value1,key2:value2}

4. 下列方法中可计算字典长度的是（　　　）。

    A．count　　　　　B．len　　　　　　C．min　　　　　　D．max

5. 假设要随机删除字典中的键-值对，该用下列（　　　）方法。

    A．pop　　　　　　B．popitem　　　　C．del　　　　　　D．clear

6. 下面程序的执行结果为（　　　）。

```
a={'name':'wang','age':'18'}
b={'age':'16','class':'2'}
a.update(b)
print(a)
```

    A．{'name':'wang','age':'18'}

    B．{'name':'wang','age':'18','age':'16','class':'2'}

    C．{'name':'wang','age':'16','class':'2'}

    D．{'name':'wang','age':'18','class':'2'}

7. 下列选项中，不能使用下标运算的是（　　　）。

    A．列表　　　　　B．元组　　　　　C．集合　　　　　D．字符串

8. 下列函数中，用于返回元组中元素最小值的是（　　　）。

    A．len()　　　　　B．min()　　　　　C．max()　　　　　D．tuple()

9. 关于列表的说法，描述错误的是（　　　）。

    A．list 是不可变的数据类型　　　B．list 是一个有序序列，没有固定大小

    C．list 可以存放任意类型的元素　　　D．使用 list 时，其下标可以是负数

10. 以下程序的输出结果是（　　　）。（提示：ord('a')==97）

```
list_a = [1, 2, 3, 4, 'a']
print(list_a[1],list_a[4])
```

    A．1 4　　　　　　B．1 a　　　　　　C．2 a　　　　　　D．2 97

11. 执行下面的操作后，list_b 的值为（　　　）。

```
list_a = [1, 2, 3]
list_b = list_a
list_a[2]=4
```

    A．[1, 2, 3]　　　　B．[1, 4, 3]　　　　C．[1, 2, 4]　　　　D．都不正确

12. 以下程序运行结果是（　　　）。

```
list_a = [1, 2, 1, 3]
```

```
nums = sorted(list_a)
for i in nums:
    print(i,end="")
```

      A．1123   B．123   C．3211   D．none

13．以下函数中，删除列表中最后一个元素的函数是（   ）。

      A．del()   B．remove()   C．cut()   D．pop()

14．以下说法错误的是（   ）。

      A．通过下标索引可以修改和访问元组的元素

      B．元组的索引是从 0 开始的

      C．通过 insert 方法可以在列表指定位置插入元素

      D．使用下标索引能够修改列表的元素

15．以下（   ）语句定义了一个 Python 字典。

      A．{}   B．{1, 2}   C．[1, 2]   D．(1,2)

二、填空题

1．利用切片实现列表 list 反序输出（   ）。

2．假设 list=[1,2,3,4,5,6,7,8],list[:-1]=（   ）。

3．假设 list=[1,2,3,4,5,6,7,8],list[7:0:-1]=（   ）。

4．序列第一个元素的索引为（   ）。

5．序列最后一个元素的索引为（   ）。

6．列表中查找元素时可以使用（   ）和 in 运算符。

7．如果要从小到大地排序列表的元素，可以使用（   ）方法实现。

8．元组使用（   ）包含元素，列表使用方括号包含元素。

9．表达式"[3] in [1, 2, 3, 4]"的值为（   ）。

10．假设列表对象 alist 的值为[1, 2, 3, 4, 5, 6, 7, 8]，那么 alist[2]为（   ），分片 alist[3:7]得到的值是（   ），分片 alist[-2]得到的值是（   ）。

11．以下程序运行结果是（   ）。

```
list_a = [5, 2, 10, 6, 8, 13, 7]
list_a.reverse()
print(list_a[2])
```

12．在 Python 中，字典和集合都是用一对（   ）作为界定符，字典的每个元素由两部分组成，即（   ）和值，其中（   ）不允许重复。

13．使用字典对象的 items()方法可以返回字典的键-值对，使用字典对象的（   ）方法可以返回字典的"键"，使用字典对象的 values()方法可以返回字典的"值"。

14．使用 fromkeys()创建字典，执行下面代码，则运行结果为（   ）。

```
pet_dict=dict.fromkeys(['name','age','weigh','height'])
print(pet_dict)
```

15．已知字典 dic={'w':97, 'a':19}，则 dic.get('w', None)的值是（　　　）。

三、判断题

1．序列第一个元素的索引为 1。（　　）

2．序列最后一个元素的索引为-1。（　　）

3．列表的长度和内容都是可变的。（　　）

4．可自由对列表中的元素进行增加、删除或替换。（　　）

5．列表元素类型可以不同。（　　）

6．列表的切片仍然是一个列表。（　　）

7．元组是可变数据类型。（　　）

8．只能对列表进行切片操作，不能对元组和字符串进行切片操作。（　　）

9．pop 方法在省略参数的情况下，会删除列表的最后一个元素。（　　）

10．列表可以作为字典的"键"。（　　）

四、编程题

1．在案例 7.1 模拟运算器中，用循环不断测试，直到输入 q 退出，如何修改程序。

2．创建一个叫作 years_list 的列表，存储从出生的那一年到五岁那一年的年份。例如，如果 1980 年出生，那么列表应该是 years_list = [1980,1981,1982,1983,1984,1985]。

1）在 years_list 中，哪一年是三岁生日？别忘了，出生的第一年算 0 岁。

2）在 years_list 中，哪一年年纪最大？

创建一个名为 things 的列表，包含以下三个元素："mozzarella""Cinderella"和"salmonella"。

3．利用案例 7.4 数据，完成以下问题：

1）刘岩老师教什么课；

2）显示全部课程名；

3）显示 3 号课程信息；

4）刘岩老师教的 4 学分课程有哪些；

5）查询数据库课程先选号；

6）按学号统计选课人数；

7）按学号统计平均分；

8）没有选课的学生姓名；

9）李勇的"数据库"成绩。

4．已知 list_a = [1, 2, 3, 4, 5, 6]，请通过两种方法实现，使 list_a = [6, 5, 4, 3, 2 ,1]。

5．给定任意奇数个整数，要求计算中间数（数值大小处于中间的数）并输出。

6．编写程序，要求输入一个字符串，然后将字符串中的所有字母全部后移一位，最后一个字母移到字符串的开头，最后输出新的字符串。

7．编写程序，删除列表 arr = [12,3,62,7,91,67,27,45,6]中的所有素数。

8．求一个 3×3 矩阵 a = [[1, 2, 3], [4, 5, 6], [7, 8, 9]]的两条对角线元素之和（注意：两条对角线交叉点处的元素只计算一次）。

9．创建一个学生选课字典，字典记录两名学生选课信息，学生姓名为键，选择的课程用列表表示，创建完成后输出每个学生姓名及选课信息。

10．编写程序，使用字典存储学生信息，学生信息包括学号和姓名，请根据学生学号从小到大顺序输出学生的信息。

第 8 章　字符串处理

在 Python 中，字符串是一种比较特殊的对象，既可以作为基本数据类型，又可以作为序列数据结构。几乎在所有的应用场景都离不开字符串，其实从第 1 章开始就一直在使用字符串，但字符串的功能非常强大，只有掌握了字符串的处理方法，才能说明 Python 编程水平已经走出了入门级。

8.1　字符串格式化

8.1.1　使用%格式化

1. 语法

```
print('%x' % data)
```

其中 x 表示类型转换格式，见表 8.1。

表 8.1　转换类型

转换类型格式	说　　明
%s	字符串
%d	十进制整数
%x	十六进制整数
%o	八进制整数
%f	十进制浮点数
%e	以科学计数法表示的浮点数
%g	十进制或科学计数法表示的浮点数
%%	文本值%本身

2. 快速体验

```
print('%d%%' % 100)    #返回: '100%'
```

3. 几点说明

1）如果需要插入多个数据，则需要将它们封装进一个元组，如：

```
actor = 'Richard Gere'
cat = 'Chester'
weight = 28
```

```
print("actor %s cat %s weighs %s pounds" % (actor, cat, weight))
```

2）可以在%和指定类型的字母之间设定最大和最小宽度、排版以及填充字符等，如：

```
n = 42
f = 7.03
s = 'string cheese'
```

使用默认宽度格式化它们：

```
print('%d %f %s' % (n, f, s) )
```

```
#返回: '42 7.030000 string cheese'
```

为每个变量设定最小域宽为 10 个字符，右对齐，左侧不够用空格填充，如：

```
print('%10d %10f %10s' % (n, f, s))
```

```
#返回: '        42   7.030000 string cheese'
```

和上面的例子使用同样的域宽，但改成左对齐，如：

```
print('%-10d %-10f %-10s' % (n, f, s))
```

```
#返回:'        42   7.030000 string cheese'
```

可以将浮点数的精度限制在小数点后 4 位，如：

```
print('%10.4d %10.4f %10.4s' % (n, f, s))    #返回:'      0042     7.0300       stri'
```

8.1.2　使用{}和 format 格式化

1．描述

format()可以被直接调用或在 print 函数中以占位符实现格式化调用。format()把传统的%替换为{}来实现格式化输出，其实就是 format()后面的内容填入大括号中（可以按位置，或者按变量来填入）。

2．快速体验

```
n = 42
f = 7.03
s = 'string cheese'
```

（1）默认格式

```
print('{} {} {}'.format(n, f, s))
```

```
#返回:'42 7.03 string cheese'.
```

（2）可以自己指定插入的顺序

```
print('{2} {0} {1}'.format(0, 1, 2))
```

```
#返回: '2, 0, 1'.
```

（3）参数可以是字典或者命名变量，格式串中的标识符可以引用这些名称

```
print('{f} {n} {s}'.format(n=42,f=7.03,s='string cheese'))
```

```
#返回: '7.03 42 string cheese'
```

（4）支持设置最大字符宽

```
print('{0:10d} {1:10f} {2:10s}'.format(n, f, s))
```

```
#返回: '42    7.030000 string cheese'
```

（5）设定右对齐

```
print('{0:>10d} {1:>10f} {2:>10s}'.format(n, f, s))
```

```
#返回: '   42   7.030000 string cheese'
```

（6）设定左对齐

```
print('{0:<10d} {1:<10f} {2:<10s}'.format(n, f, s))
```

```
#返回: '42      7.030000   string cheese'
```

（7）设置精度

```
print('{0:>10d} {1:>10.4f} {2:>10.4s}'.format(n, f, s))
```

```
#返回: '   42   7.0300    stri'
```

（8）设置用!填充

```
print('{0:!^20s}'.format('BIG SALE'))
```

```
#返回: '!!!!!!!BIG SALE!!!!!!'
```

其中，^表示居中。

8.1.3 大小写转换

1. 首字母大写

```
s = 'alexWUsir'
s4_1 = s.capitalize()        #首字母大写
print(s4_1)                  #Alexwusir
```

2. 全部大写

```
s = 'alexWUsir'
s4_2 = s.upper()             #全部大写
print(s4_2)                  #ALEXWUSIR
```

3. 全部小写

```
s = 'alexWUsir'
s4_3 = s.lower()             #全部小写
print(s4_3)                  #alexwusir
```

4. 大小写互换

```
s = 'alexWUsir'
s4_4 = s.swapcase()          #大小写互换
print(s4_4)                  #ALEXwuSIR
```

8.2 转义字符

1. 描述

转义字符是以"\"开头，后跟一个字符，通常用来表示一些控

8.2 转义字符

制代码和功能定义。Python 中常用的转义字符见表 8.2。

表 8.2　Python 常用转义字符

转义字符	说　　明
\(在行尾时)	续行符
\\	反斜杠符号
\'	单引号
\"	双引号
\a	响铃
\b	退格（Backspace）
\000	空
\n	换行
\v	纵向制表符
\t	横向制表符
\r	回车
\f	换页
\oyy	八进制数，y 代表 0~7 的字符，如\012 代表换行
\xyy	十六进制数，以 \x 开头，yy 代表的字符，如\x0a 代表换行
\other	其他的字符以普通格式输出

Python 还允许在单引号前加 r 来表示单引号内部的字符串默认不转义。如：print(r"c:\ttt")，返回：c:\ttt；print("c:\ttt")，返回：c:　tt。

2. 快速体验

阅读以下程序，写出运行结果。

```
print("这里\n有一个换行")
print("这里\t有一个制表符")
print("既需要'单引号'，也需要\"双引号\"")
```

运行结果如下：

```
这里
有一个换行
这里　　有一个制表符
既需要'单引号'，也需要"双引号"
```

8.3　字符串操作

Python 常用字符串函数和方法见表 8.3。

表 8.3　Python 常用字符串函数和方法（假设 str = 'hello world'）

函　　　数	说　　　明	实　　　例	结　　　果
len(str)	返回字符串 str 长度	len(str)	11
str.isalnum()	字符串只包含字母和数字，返回 True		
str.count(str1)	返回 str1 在 str 中出现的次数	str.count('l')	3
str.replace(str1, str2）	将 str 中的 str1 替换成 str2	str.replace('o', 'w')	'hellw wwrld'
str.split(c)	按指定字符 c 分割 str 为列表	str.split(" ")	['hello', 'world']
str.isdigit()	str 只包含数字则返回 True，否则 False	str.isdigit()	False
max(str)	返回字符串 str 中最大的字母	max(str)	'w'
min(str)	返回字符串 str 中最小的字母	min(str)	' '
str.lstrip()	删除 str 字符串左侧的空格		
str.rstrip()	删除 str 字符串末尾的空格		
str.find(sub[,start[,end]])	如果在 str 找到子串 sub，返回子串所在位置的最左端索引，否则返回-1	str.find("or") str.find("or",8)	7 -1
c.join(str1)	将 str1 的各字符用 c 连接	"-".join("world")	'w-o-r-l-d'
str.lower()	大写转换为小写		
str.upper()	小写转换为大写		

8.3.1　字符串切片访问：判断回文数

创建序列：strs ='abcdefg'，切片访问见表 8.4。

8.3　字符串切片访问

表 8.4　字符串切片访问

切　片　方　式	描　　　述	结　　　果
strs[1:]	获取 strs 中从索引 1 开始到最后一个的所有元素	'bcdefg'
strs[:3]	获取 strs 中索引 0～3 之间所有元素	'abc'
strs[1:3]	获取 strs 中索引 1～3 之间所有元素	'bc'
strs[:-1]	获取 strs 中从索引 0 开始到最后一个元素之间的所有元素	'abcdef'
strs[-3: -1]	获取 strs 中从索引-3 开始到最后一个元素之间的所有元素	'ef'
strs[-3:]	获取 strs 中最后三个元素	'efg'
strs[:]	获取 strs 中所有元素	'abcdefg'
strs[0:7:1]	获取序列 strs 中所有元素	'abcdefg'
strs[0:7:2] strs[::2]	将步长设置为 2，获取 strs 从开始到结束的元素	'aceg'
strs[7:0: -1]，strs[::-1]	获取 strs 中索引 7～0 之间所有元素	'gfedcba'

【案例 8.1】　字符串方法判断回文数。

【问题分析】

在案例 3.2 编写的回文数判定程序是从数的角度来理解，本节从字符串角度理解回文数。基本思路就是切片方法，如果 str==str[::-1]，那么 int(str)就是回文数。

【参考代码】

```
str = input("请输入一个三位数字: ")
if str== str[::-1]:
    print(int(str),"是回文数")
else:
    print(int(str),"不是回文数")
```

【运行结果】

```
请输入一个数字: 12344322
12344322 不是回文数


请输入一个数字: 234565432
234565432 是回文数
```

【程序说明】

1）与案例 3.2 比较，字符串方法简单得多，也容易理解。

2）字符串方法不受长数字制约。

8.3.2　字符串拼接：文本进度条

8.4　字符串拼接

1．基本方法

（1）语法

方法 1：使用连接运算符 "+"。

```
str1='hello'
str2='python'
print(str1+str2)
```

方法 2：使用逗号分隔符。

```
print(str1,str2)              #str1,str2 取值同方法 1
```

方法 3：使用%格式化。

```
print("%s %s" % (str1,str2))    #str1,str2 取值同方法 1
```

方法 4：使用{}和 format 格式化。

```
print("{}{}".format(str1,str2))  #str1,str2 取值同方法 1
```

（2）几点说明

1）方法 1 和其他方法的区别。在方法 1 中，str1 和 str2 必须都是字符串类型。而其他方法并无类型要求。方法 1 的优势是通过赋值语句可以把拼接结果定义为新的字符串。

2）方法 3 和方法 4 的区别。方法 3 的类型需要通过引号内%后面的字符来识别，且%后面只能取表 8.1 的值。

2．join()方法

join()方法用于将序列中的元素以指定的字符连接，生成一个新的字符串。

（1）语法

```
str.join(sequence)
```

其中，str 表示连接符，可以为空；sequence 表示要连接的元素序列。

（2）快速体验

使用 join()方法将 new_str 中的字符用 "-" 连接。

```
new_str = "This is a python book!",
str='-'.join(new_str)
print(str)
#返回: 'T-h-i-s- -i-s- -a- -p-y-t-h-o-n- -b-o-o-k-!'
```

3．重复字符串拼接

```
print(3*"hello")    #返回: "hellohellohello"
```

4．案例

【案例 8.2】 文本进度条。

【问题分析】

进度条以动态方式实施显示计算机处理任务时的进度，它一般由已完成任务量（"*"的个数）与剩余未完成任务量（"."的个数）组成。

程序的主体对 50 个任务进行循环，循环体：输出 "*" "." 及 XX%。每个任务暂停 0.5s。需要导入 time 模块。

【参考代码】

```
import time
incomplete_sign = 50        # .的数量
print('='*23+'开始下载'+'='*25)
for i in range(incomplete_sign + 1):
    completed = "*" * i    # 表示已完成
    incomplete = "." * (incomplete_sign - i)      # 表示未完成
    percentage = (i / incomplete_sign) * 100      # 百分比
    print("\r{:.0f}%[{}{}]".format(percentage,completed,incomplete),
end="")
    time.sleep(0.5)
print("\n" + '='*23+'下载完成'+'='*25)
```

【运行结果】

```
=======================开始下载=========================
100%[**************************************************]
=======================下载完成=========================
```

【程序说明】

1）暂停 0.5s：time.sleep(0.5)。

2）输出格式：XX%[****…]，其中，百分比 XX，"*"的个数、"."的个数都是动态的。

8.3.3　字符串分割

8.5　字符串分割

Python 中字符串分割的常用方法是直接调用字符串的 split 方法，但是其只能指定一种分隔符，如果想指定多个分隔符拆分字符串，则需要用到正则表达式的 split 方法。

1. 语法

```
str.split(sep=None, maxsplit=-1)  #返回列表
```

默认情况下，不指定分隔符时则以空白字符（空格、回车、制表符等）作为分隔符拆分字符串。

2. 快速体验

（1）split 方法返回列表

```
myStr ="A B\tC\nD"
myStr.split()
#返回: ["A", "B", "C", "D"]
```

（2）在结果列表中，不会包含空字符串

```
myStr ="A B\tC\nD\n\n"
myStr.split()
#返回: ["A", "B", "C", "D"]
```

（3）指定分隔符

```
myStr= "www.google.com"
myStr.split(".")
#返回: ["www", "google", "com"]
```

（4）指定最大分割次数

```
myStr= "www.google.com"
myStr.split(".", 1)
#返回: ["www", "google.com"]
```

由此可见，当指定最大分割次数 maxsplit 时，结果列表长度为 maxsplit+1。

3. 进一步探讨

```
myStr= "AAAA,BBBB:CCCC;DDDD"
```

如果想指定逗号、冒号、分号都作为分隔符，则要用正则表达式中的 split 方法，见 8.4 节。

```
re.split(r'[,:;]', myStr)
```

8.3.4　字符串子串查找

8.6　字符串子串查找

子串可以理解为字符串中一部分的字符。在 8.3.1 节中通过切片可以查找子串，本节介绍其他查找子串方法。

假设：myStr = 'hello world and Python and java and php'

1．find()

（1）描述

检测某个子串是否包含在这个字符串中，如果在则返回这个子串开始的位置下标，否则返回-1。

（2）语法

```
myStr.find(子串,开始位置下标,结束位置下标)
```

注意：开始和结束位置下标可以省略，表示在整个字符串序列中查找。

（3）快速体验

```
print(myStr.find('and'))   # 12，从 0 开始左向右数 10 个字符加上 2 个空格，
到 and 的 a 下标正好是 12
print(myStr.find('and', 20, 30))  # 23，在下标 20～30 这个区间里查找子串
print(myStr.find('andt'))  # 如果"andt"子串不存在，则返回-1
```

2．index()

（1）描述

检测某个子串是否包含在这个字符串中，如果在则返回这个子串开始的位置下标，否则报异常。

（2）语法

```
myStr.index(子串,开始位置下标,结束位置下标)
```

注意：开始和结束位置下标可以省略，表示在整个字符串序列中查找。

（3）快速体验

```
print(myStr.index('and'))          # 12
print(myStr.index('and', 20, 30))  # 23
print(myStr.index('andt'))         #如果 index 查找子串不存在，则报错
```

3．count()

（1）描述

返回某个子串在字符串中出现的次数。

（2）语法

```
myStr.count(子串,开始位置下标,结束位置下标)
```

注意：开始和结束位置下标可以省略，表示在整个字符串序列中查找。

（3）快速体验

```
print(myStr.count('and'))          # 3
print(myStr.count('and', 20, 30))  # 1
print(myStr.count('andt'))         # 如果 index 查找子串不存在，则返回 0
```

4．rfind()和 rindex()

（1）功能

rfind()：和 find()功能相同，但查找方向从右侧开始。

rindex()：和 index()功能相同，但查找方向从右侧开始。

（2）快速体验

```
print(myStr.rfind('and'))              # 32
print(myStr.rfind('and', 20, 30))      # 23
print(myStr.rindex('and'))             # 32
print(myStr.rindex('andt'))            # 报错
```

8.3.5 字符串替换：模拟注册验证

在 Python 中，修改字符串本身是不可能的，因为字符串是不可
变类型，只能是通过某些方法来产生它的副本，再把副本赋值给原
字符串，达到类似替换的作用。替换的方法有很多，下面介绍其中
几种。

8.7 字符串替换

1．replace

（1）描述

replace()方法把字符串中的 old（旧字符串）替换成 new（新字符串），如果指定第
三个参数 max，则替换不超过 max 次。

（2）语法

```
myStr.replace(旧字符串, 新字符串[, 替换最大次数])
```

注意：replace 函数替换字符串，不影响原字符串，返回字符串中的 old（旧字符
串）替换成 new（新字符串）后生成的新字符串。

（3）快速体验

① 默认替换所有

```
str1='2022.10.30'
str2=str1.replace('.','-')
print('str2=',str2,'  str1=',str1)
print(str1)
#返回: str2='2022-10-30'  str1='2022.10.30'
```

② 指定替换数量

```
str1='2022.10.30'
str2=str1.replace('.','-',1)
print('str2=',str2)
#返回: str2='2022-10.30'
```

2．format

（1）描述

在字符串中替换自己想要的字符串。

（2）快速体验

```
s = "{a}bc"
s=s.format(a="123")print(s)
```

```
#返回: '123bc'
```

3. 案例

【案例 8.3】 模拟注册验证。

【问题分析】

编写一个注册验证程序，设定如下条件：

1）用户名必须以下画线 "_" 开头，长度必须在 3～30 个字符之间。

2）密码必须由下画线、数字和字母共同组成，不允许有其他符号，长度必须在 8～16 个字符之间。

【参考代码】

```
user_name = input("请输入用户名（以"_"开头，3-30个字符）: ")
password = input("请输入密码（由下画线、数字和字母共同组成，8-16个字符）: ")
if user_name[0] != '_':                       #如果 user_name 的首字符不是 "_"
    print("用户名请使用下画线开头")           #输出 "用户名请使用下画线开头"
elif 3>len(user_name) or 30<len(user_name):   #如果 user_name 长度小于 3
                                              #或大于 30
    print("用户名长度超出限制")               #输出 "用户名长度超出限制"
elif 8>len(password) or 16<len(password):     #如果 password 长度小于 8
                                              #或大于 16
    print("密码长度超出限制")                 #输出 "密码长度超出限制"
elif password.find('_') == -1:                #如果 password 中不存在 "_"
    print("密码中未输入下画线")               #输出 "密码中未输入下画线"
else:                                         #以上条件都不满足
    psswords = password.replace('_','1')      #将 password 中的下画线替换为 1
    if psswords.isalnum():                    #passwords 中是否只有数字或字母
        print("恭喜您，注册成功! 用户名: ",user_name,",密码: ",password)
    else:                                     #passwords 中有数字或字母以外的字符
        print("密码中有其他符号，注册失败! ") #输出 "密码中有其他符号…"
```

【运行结果】

（1）账号正确，密码不含下画线

```
请输入用户名（以 "_" 开头，3-30个字符）: _cxy
请输入密码（由下画线、数字和字母共同组成，8-16个字符）: 12345678
密码中未输入下画线
```

（2）注册成功

```
请输入用户名（以 "_" 开头，3-30个字符）: _cxy
请输入密码（由下画线、数字和字母共同组成，8-16个字符）: cxy_12345
恭喜您，注册成功! 用户名: _cxy ,密码: cxy_12345
```

（3）账号不规范

请输入用户名（以"_"开头，3-30 个字符）：cxy

请输入密码（由下画线、数字和字母共同组成，8-16 个字符）：cxy_123456

用户名请使用下画线开头

（4）注册失败

请输入用户名（以"_"开头，3-30 个字符）：_cxy

请输入密码（由下画线、数字和字母共同组成，8-16 个字符）：12!34_5656

密码中有其他符号，注册失败！

【程序说明】

1）代码倒数第 5 行，目的是让密码必须包含下画线。

2）代码第 3 行，判断首字符是不是"_"，请用其他方法修改程序。

8.3.6　字符串删除

在 Python 中，字符串是不可变的，因此无法直接删除字符串之间的特定字符。如果想对字符串中字符进行操作，需要将字符串转变为列表，列表是可变的，这样就可以实现对字符串中特定字符的操作。

8.8　字符串删除

1．快速体验

（1）删除特定位置的字符

使用.pop()方法。输入参数，即为要删除的索引。

```
string = '公众号：土堆碎念'
list_str = list(string)
list_str.pop(1)
list_str = ''.join(list_str)
print(list_str)      #返回：'公号：土堆碎念'
```

（2）删除指定子串

```
str3=string.replace(string[0],'')
print(str3)          #返回：'众号：土堆碎念'
```

（3）删除字符串前后的空格

```
s = ' alexW%Usir  %2%  '
s_1 = s.strip()
print(s_1)           #返回：'alexW%Usir  %2%'
```

（4）删除字符串前后的%

```
ss = '% alexW%Usir  %2%  % '
s_2 = ss.strip('%')
print(s_2)           #返回：' alexW%Usir  %2%  % '
```

2．案例

【案例 8.4】　删除多余的空格。

【问题分析】

将字符串"This　　is　　a　　python　　book!　　"中的多余空格删除，即如果有连续空格只保留一个。基本思路：使用 split()方法以空格为分隔符将字符串分隔成多个字符串，然后使用 join()方法将多个字符串进行连接，并在相邻两个字符串之间插入空格。

【参考代码】

```
new_str = "This    is    a    python    book! "         #创建字符串
s_str=new_str.split()          #以空字符为分隔符，将 new_str 全部分割
print(s_str)                   #输出分割后结果
j_str=' '.join(s_str)          #用空格连接 s_str 中的字符
print(j_str)                   #输出连接后的字符串
```

【运行结果】

```
"This is a python book!"
```

8.3.7　字符串统计与判断

1. 计算字符串中某字符/字符串的个数

```
s = 'alexaa wusirl'
s10 = s.count('a')
print('此字符串中有' + str(s10) + '个 a')
#返回：此字符串中有 3 个 a
```

8.9　字符串统计与判断

2. 数字、字母判断

```
s14 = 'cxy123'
print(s14.isdigit())      #是否由数字组成，返回 False
print(s14.isalpha())      #是否由字母组成，返回 False
print(s14.isalnum())      #是否由字母或数字组成，返回 True
```

3. 判断字符串是否全是空格

```
s14_4 = ' n '
s14_5 = ''
s14_6 = '  '
print(s14_4.isspace())    #False: 有除空格外的其他字符
print(s14_5.isspace())    #False: 空
print(s14_6.isspace())    #True: 全是空格
```

4. 判断子串是否在字符串中

如果在则返回 True，否则返回 False。

```
print("a" in "hello")     #返回: False
print("a" not in "hello") #返回: True
```

5．判断字符串是否以指定字符或子字符串结尾

（1）语法

```
str.endswith("suffix", start, end)
```

suffix 为后缀，可以是单个字符，也可以是字符串。

str.endswith(suffix)中，start 默认为 0，end 默认为字符串的长度 len(str)。返回值为布尔类型（True,False）。

（2）快速体验

```
str = "i love python"
print("1:",str.endswith("n"))
print("2:",str.endswith("python"))
print("3:",str.endswith("n",0,6))        # 索引 i love 是否以"n"结尾
print("4:",str.endswith(""))             # 空字符
print("5:",str[0:6].endswith("n"))       # 只索引 i love
print("6:",str[0:6].endswith("e"))
print("7:",str[0:6].endswith(""))
print("8:",str.endswith(("n","z")))      #遍历元组的元素，存在即返回 True，否
                                           则返回 False
print("9:",str.endswith(("k","m")))
```

（3）说明

判断字符串是否以指定字符或子字符串开头：str.endswith("suffix", start, end)。

8.4 正则表达式

8.4.1 正则表达式作用

典型的搜索和替换操作要求提供与预期的搜索结果匹配的确切文本。虽然这种技术对于对静态文本执行简单搜索和替换任务可能已经足够了，但它缺乏灵活性，若采用这种方法搜索动态文本，不是不可能，但会变得很困难。正则表达式是一个特殊的字符序列，通过使用正则表达式，可以：

1）测试字符串内的模式。查看字符串内是否出现电话号码模式或信用卡号码模式。

2）替换文本。可以使用正则表达式来识别文档中的特定文本，完全删除该文本或者用其他文本替换它。

3）基于模式匹配从字符串中提取子字符串。

4）可以查找文档内或输入域内特定的文本。

8.4.2 正则表达式语法

正则表达式模式及实例见表 8.5、表 8.6。

8.10 正则表达式作用及基本语法

表 8.5　正则表达式模式

模　式	描　述
^	匹配字符串的开头
$	匹配字符串的末尾
.	匹配任意字符，除了换行符
[⋯]	用来表示一组字符，单独列出。如[amk] 匹配 'a'、'm'或'k'
[^⋯]	不在[]中的字符。如[^abc] 匹配除了 a、b、c 之外的字符
*	匹配 0 个或多个的表达式。如 zo* 能匹配 "z" 以及 "zoo"。* 等价于{0,}
+	匹配 1 个或多个的表达式。如'zo+' 能匹配 "zo" 以及 "zoo"，但不能匹配 "z"。+ 等价于 {1,}
?	匹配 0 个或 1 个由前面的正则表达式定义的片段，非贪婪方式。如"do(es)?" 可以匹配 "do"、"does"中的"does"、"doxy"中的"do"。?等价于 {0,1}
{n}	匹配 n 个前面表达式。如"o{2}"不能匹配"Bob"中的"o"，但是能匹配"food"中的两个 o
{ n,}	精确匹配 n 个前面表达式。如"o{2,}"不能匹配"Bob"中的"o"，但能匹配"foooood"中的所有 o。"o{1,}"等价于"o+"，"o{0,}"则等价于"o*"
{ n, m}	匹配 n～m 次由前面的正则表达式定义的片段，贪婪模式
a | b	匹配 a 或 b
(re)	匹配括号内的表达式，也表示一个组
(?imx)	正则表达式包含三种可选标志：i、m 或 x。只影响括号中的区域
(?-imx)	正则表达式关闭 i、m 或 x 可选标志。只影响括号中的区域
(?: re)	类似(⋯)，但是不表示一个组
(?imx: re)	在括号中使用 i、m 或 x 可选标志
(?-imx: re)	在括号中不使用 i、m 或 x 可选标志
(?#⋯)	注释
(?= re)	前向肯定界定符。如果所含正则表达式，以 ⋯ 表示，在当前位置成功匹配时成功，否则失败。但一旦所含表达式已经尝试，匹配引擎根本没有提高；模式的剩余部分还要尝试界定符的右边
(?! re)	前向否定界定符。与肯定界定符相反；当所含表达式不能在字符串当前位置匹配时成功
(?> re)	匹配的独立模式，省去回溯
\w	匹配数字字母下画线
\W	匹配非数字字母下画线
\s	匹配任意空白字符，等价于 [\t\n\r\f]
\S	匹配任意非空字符
\d	匹配任意数字，等价于 [0-9]
\D	匹配任意非数字
\A	匹配字符串开始
\Z	匹配字符串结束，如果存在换行，则只匹配到换行前的结束字符串
\z	匹配字符串结束
\G	匹配最后匹配完成的位置
\b	匹配一个单词边界，也就是指单词和空格间的位置。如'er\b'可以匹配"never"中的'er'，但不能匹配"verb"中的'er'
\B	匹配非单词边界。如'er\B' 能匹配"verb"中的'er'，但不能匹配"never"中的'er'
\n,\t 等	匹配一个换行符，匹配一个制表符等

表 8.6　正则表达式实例

实　例	描　述
[Pp]ython	匹配"Python"或"python"
rub[ye]	匹配"ruby"或"rube"
[aeiou]	匹配中括号内的任意一个字母
[0-9]	匹配任何数字，类似于[0123456789]
[a-z]	匹配任何小写字母
[A-Z]	匹配任何大写字母
[a-zA-Z0-9]	匹配任何字母及数字
[^aeiou]	匹配除了 aeiou 字母以外的所有字符
[^0-9]	匹配除了数字外的字符

8.4.3　正则表达式匹配方法：验证手机号码格式

8.11　正则表达式匹配方法

与正则表达式相关的功能都位于模块 re 中，因此首先需要导入它。其次需要定义一个用于匹配的模式字符串 pattern 以及源字符串 str。

1．re.match 方法

（1）语法

```
re.match(pattern, str)
```

（2）功能

尝试从字符串 str 的起始位置匹配模式 pattern，如果起始位置匹配不成功，则返回 None。

（3）快速体验

```
print(re.match('com','www.runoob.com'))    #返回: None
```

2．re.search 法

（1）语法

```
re.search(pattern, str)
```

（2）功能

扫描整个字符串 str 并返回第一个成功匹配 pattern 的下标范围，否则返回 None。

（3）实例

```
print(re.search('com','www.runoob.com'))          #返回: (11,14)
```

3．re.sub 法

（1）函数语法

```
re.sub(pattern, repl, string)
将 string 匹配的 pattern 同 repl 替换
```

（2）功能

扫描整个字符串并返回第一个成功的匹配。

（3）快速体验

```
re.sub(r"\d+", '888', "Python = 97")        #返回: 'Python = 888'
```

4．re.findall 法

（1）语法

```
re.findall(pattern, repl, string)
```

（2）功能

在字符串中找到正则表达式所匹配的所有子串，并返回一个列表。

（3）快速体验

```
re.findall(r"\d+", "Python = 524, PHP = 5246, java = 525")
                          #返回: ['524', '5246', '525']
```

5．group()方法

（1）语法

```
str.group(n)
```

group()方法提供了提取子串的强大功能，一个()一组。n=0 或省略参数 n 表示提取整个字符串。n=1 为第 1 组，依次类推。

（2）快速体验

正则表达式^(\d{3})-(\d{3,8})$定义了两个组，可以直接从匹配的字符串中提取出'-'号前后的两个数字串。

```
m = re.match(r'^(\d{3})-(\d{3,8})$', '010-12345')
m.group(0)    #返回: '010-12345'，等价于 m.group()
m.group(1)    #返回: '010'
m.group(2)    #返回: '12345'
```

6．案例

【案例 8.5】 验证手机号码格式。

8.12 正则表达式案例：验证手机号码格式

【问题分析】

1）电话号码格式：13x、14x、15x、17x、18x 开头，长度 11 位。

2）随机输入一串字符验证一下。

【参考代码】

```
import re
tel=input("请输入一个电话号码: ")
result=re.findall(r"13\d{9}|14\d{9}|15\d{9}|17\d{9}|18\d{9}",tel)
if result!=[]:
    print("输入电话号码正确: ",int(result[0]))
else:
    print("输入电话号码错误!")
```

【运行结果】

（1）输入错误测试

```
请输入一个电话号码: 1123
输入电话号码错误!
```

（2）输入正确测试

请输入一个电话号码：18288828335

输入电话号码正确：18288828335

【程序说明】

1）r"…"表示忽略转义字符。

2）re.findall()返回的是列表。

8.5　本章小结

1）正则表达式使用预定义的模式匹配一类具有共同特征的字符串，可以快速、准确地完成复杂的查找、替换等操作。

2）掌握通用序列的操作方法，包括索引、分片、序列相加、乘法以及计算长度、最小值和最大值的方法。

3）掌握使用符号"%"和 format()方法进行格式化的方法。

4）掌握常用字符串方法的使用。

5）字符串属于 Python 不可变序列，其所有涉及修改内容的方法都是返回一个新字符串，并不对原字符串做任何修改。

习题 8

一、选择题

假设 b=12.1234567; strs="Python!"

1．执行 print("a=%05d"%b) 的结果是（　　）。

    A．12　　　　　　B．00012　　　　　　C．12000　　　　D．12123

2．执行 print("%-10r"%strs)的结果是（　　）。

    A．Python!　　　　B．"Python!"　　　　C．'Python!　　　D．'Python!'

3．执行 print("%10s"%strs)的结果是（　　）。

    A．Python!　　　　B．"Python!"　　　　C．'Python!　　　D．'Python!'

4．执行 print("%-10.5r"%strs)的结果是（　　）。

    A．Pyth　　　　　B．Pytho　　　　　C．'Pyth　　　　D．'Pytho

5．执行 print("a=%5d"%b) 的结果是（　　）。

    A．12（左边三个空格）　　　　　　　　B．00012

    C．12000　　　　　　　　　　　　　　D．12123

6．执行 print("a=%5.2e"%b)的结果是（　　）。

    A．b=1.21e+01　　　　　　　　　　B．12.1234567=1.21e+01

    C．12.12　　　　　　　　　　　　　D．012.12

7. 执行 strs.find("th")的结果是（　　　）。

  A．2   B．3   C．2,3   D．-1

8. （　　　）不能查找"y"。

  A．strs.find("y")   B．strs.index("y")

  C．strs[1]   D．Python![2]

9. （　　　）不是 split 默认分隔符。

  A．空格   B．逗号   C．/n   D．/t

10. str2.strip('01')含义是去除（　　　）。

  A．两端所有 0 和 1   B．两端的空格

  C．两端的 01   D．两端的 0 或 1

11. 执行 st.isalnum()返回 False 的是（　　　）。

  A．st="2020"   B．"abc"

  C．"22abc"   D．"2020-01-01"

12. 能够在字符串"aabaaabaaaab"中匹配"aab"，而不能匹配"aaab"和"aaaab"的正则表达式为（　　　）。

  A．a*?b   B．a{1,3}b   C．aa??b   D．aaa??b

13. 用于在字符串中找到正则表达式所匹配的所有子串，并返回一个列表的方法是（　　　）。

  A．compile() B．findall() C．sub()   D．match()

14. 下列表达式的结果为 False 的是（　　　）。

  A．'abcd'<'ad' B．'abc'<'abcd' C．"<'a'   D．'Hello'>'hello'

15. 下列数据中，不属于字符串的是（　　　）。

  A．'abcd'   B．"hello"   C．"hu56"   D．abc

16. 使用（　　　）符号对浮点类型的数据进行格式化。

  A．%c   B．%f   C．%d   D．%s

17. 下列数据类型中，不支持分片操作的是（　　　）。

  A．字符串   B．列表   C．字典   D．元组

18. 下列方法中，能够返回某个子串在字符串中出现次数的是（　　　）。

  A．len()   B．count()   C．find()   D．split()

二、填空题

1. 0*"py"=（　　　）。

2. len(["a"]+["dfg"])=（　　　）。

3. str="Python"，则 str[::-2]为（　　　）。

4. 执行 print("{0:_^11}".format(strs))的结果是（　　　）。

5. 执行"%.2f,%d,%s"%(5.225, 78, "hello")的结果是（　　　）。

6. "你好，{1}，你的考研成绩是{0}分！，排名第{2}".format(203,"张三",15)，返回（　　　）。

7．执行 strs.count("n",1,5)的结果是（ ）。

8．用空格连接列表 list 元素的语句是（ ）。

9．匹配"abe""ace"和"ade"的正则表达式为（ ）。

10．Python 中"4"+"5"的结果是（ ）。

11．s="hello"，t="world"，s+=t，则 s 为（ ），s[-1]为（ ），s[2:5]为（ ），s[::3]为（ ），s[-2:: -1]为（ ）。

12．s="Python String"，写出下列操作的输出结果：

s.upper()输出结果为（ ）；

s.lower()输出结果为（ ）；

s.find('i')输出结果为（ ）；

s.replace('ing','gni')输出结果为（ ）。

13．print('I\'m learning\nPython.') 返回（ ）。

14．print('\\\n\\') 返回（ ）。

15．print(r'\\\n\\') 返回（ ）。

16．Python 中要使字符串转义字符不转义，则直接在字符串前加字符（ ）。

三、判断题

1．字符串 s="Python"，经 s.strip('p')处理后，字符串 s="ython"。（ ）

2．print('a\\c')的结果是 a\c。（ ）

3．空白字符包括空格符、回车换行符和制表符三种字符。（ ）

4．无论使用单引号或者双引号包含的字符串，用 print 函数输出的结果都一样。（ ）

5．Python 中字符串的下标是从 1 开始。（ ）

四、编程题

1．请输入星期几的第 1 个字母，用来判断是星期几，如果第一个字母一样，则继续判断第 2 个字母，依次类推。

2．设定字符串 test_str="02101 Hello Python 10310"，去掉 test_str 中两侧的数字和空格后输出。

3．假设有一段英文，其中有单独的字母"I"误写为"i"，请编写程序进行纠正。

第9章 文　　件

思考 1：程序中使用变量保存运行时产生的临时数据，但当程序结束后，所产生的数据也会随之消失，有什么方法能持久保存数据呢？

结论：计算机中的文件能够持久保存程序运行时产生的数据。

思考 2：程序中数据的输入可通过 input()函数经由键盘读入，但当数据量较大时，用户工作量将会很大，而且每次运行时都需要重复输入工作。有什么方法能自动输入大量数据？

结论：计算机中的文件能够自动导入大量的数据。

本章首先介绍文件的概念；然后介绍文件的打开、关闭、读写和定位等基本操作；接着介绍文件与文件夹的相关操作，如文件与文件夹的重命名、移动、删除等；最后通过两个典型案例，让读者进一步掌握文件在程序设计中的应用。

9.1　文件打开与关闭

1．文件概念

文件指存储在外部介质（如磁盘等）上有序的数据集合，这个数据集有一个名称，称为文件。按数据的组织形式不同，可以将文件分为文本文件和二进制文件两大类。

1）文本文件：一般由单一特定编码的字符组成，如 UTF-8 编码，内容容易统一展示和阅读。

2）二进制文件：直接由比特 0 和比特 1 组成，没有统一字符编码，文件内部数据的组织格式与文件用途有关。

2．文件打开

Python 内置了文件对象，通过 open()函数即可按照指定模式打开指定文件，并创建文件对象，有两种打开方式。

（1）普通方式打开

其语法格式如图 9.1 所示。

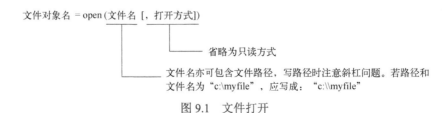

图 9.1　文件打开

文件打开方式及含义见表 9.1。

表 9.1　文件打开方式及含义

文件打开方式	含　　义	如果指定的文件不存在
r（只读）	打开一个文本文件，只允许读数据	出错
w（只写）	打开或建立一个文本文件，只允许写数据	建立新文件
a（追加）	打开一个文本文件，并在文件末尾增加数据	建立新文件
rb（只读）	以二进制格式打开一个文件，只允许读数据	出错
wb（只写）	以二进制格式打开或建立一个文件，只允许写数据	建立新文件
ab（追加）	以二进制格式打开一个文件，并在文件末尾写数据	建立新文件
r+（读写）	打开一个文本文件，允许读和写	出错
w+（读写）	打开或建立一个文本文件，允许读和写	建立新文件
a+（读写）	打开一个文本文件，允许读或在文件末追加数据	建立新文件
rb+（读写）	以二进制格式打开一个文件，允许读和写	出错
wb+（读写）	以二进制格式打开或建立一个文件，允许读和写	建立新文件
ab+（读写）	以二进制格式打开一个文件，允许读或在文件末尾追加数据	建立新文件

（2）with 语句方式

Python 中的 with 语句用于对资源进行访问，保证不管处理过程中是否发生错误或者异常，都会执行规定的 __exit__（清理）操作，释放被访问的资源，常用于文件操作、数据库连接、网络通信连接、多线程与多进程同步时的锁对象管理等场合。其语法格式如图 9.2 所示。

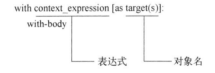

图 9.2　with 语句方式打开文件

用于文件内容读写时，with 语句的用法如下：

```
with open(文件名[,打开方式]) as 文件对象名:
    #通过文件对象名读写文件内容语句
```

3．文件关闭

在 Python 中，虽然文件会在程序退出后自动关闭，但是考虑到数据的安全性，在每次使用完文件后，都需要使用 close() 方法关闭文件，其语法格式如下：

```
文件对象名.close()
```

4．快速体验

以只写方式打开一个名为 "test.txt" 的文件，然后关闭文件，代码如下：

```
file = open('test.txt','w')    #以只写方式打开一个名为 "test.txt" 的文件
file.close()                   #关闭文件
```

5．说明

1）程序执行完毕后，系统会自动关闭由该程序打开的文件，但计算机中可打开的文件数量是有限的，每打开一个文件，可打开文件数量就减一；打开的文件占用系统资源，若打开的文件过多，会降低系统性能。因此，编写程序时应使用 close()方法主动关闭不再使用的文件。

2）由于文件的编码方式有多种，所以打开文件时常常要指明编码方式：

```
open(file, mode='r', encoding=None)
```

主要在读取中文文件时要使用，常用中文编码见表 9.2。

表 9.2　中文编码

编 码 名 称	用 途
utf-8	所有语言
gbk	简体中文
gb2312	简体中文
gb18030	简体中文
big5	繁体中文

9.2　文件读写操作

9.2.1　写文件

9.2　写文件

1．write()方法

（1）语法

write()方法用于向文件中写入指定字符串，其语法格式如下：

```
文件对象名.write(str)
```

（2）快速体验

【案例 9.1】　向文件"testfile.txt"文件中写入如下数据：

```
Interface options
Generic options
Miscellaneous options
Options you shouldn't use
```

【问题分析】

首先以只写方式打开文件（当文件不存在时会创建文件）；然后向文件中写入数据，这里需要注意的是，write()方法不会自动在字符串的末尾添加换行符，因此，当输入多行时，需要在 write()语句中包含换行符；最后关闭文件。

【参考代码】

```
import os
os.chdir("D:\教材\Python\数据集")
```

```
file = open('testfile.txt','w')   #打开名为 "testfile.txt" 的文件
#向文件中输入字符串
file.write('Interface options\n')
file.write('Generic options\n')
file.write('Miscellaneous options\n')
file.write('Options you shouldn't use\n')
file.close()                      #关闭文件
```

【运行结果】

程序运行后，会在 D:\教材\Python\数据集路径下生成一个名为 "testfile.txt" 的文件，打开该文件，可以看到数据被成功写入文件中。

【程序说明】

如果打开文件时，文件打开方式带 "b"，那么写入文件内容时，str（参数）要用 encode 方法转为字节流形式，否则报错。其语法格式如下：

```
文件对象名.write('Interface options'.encode())
```

2．writelines()方法

（1）语法

writelines()方法用于向文件中写入一系列的字符串，其语法格式如下：

```
文件对象名.writelines(sequence)
```

（2）快速体验

【案例 9.2】　使用 writelines()方法向已有的 "testfile.txt" 文件中追加如下数据：

```
Environment
variables
```

【问题分析】

要向文件中追加数据，需要用追加方式 "a" 打开文件。使用 writelines()方法写入数据时，同样不会自动在列表后面增加换行符，需要手动加入。这里使用 with 语句进行文件操作。

【参考代码】

```
ls = ['Environment\n','variables']
with open('testfile.txt','a') as file:
    file.writelines(ls)           #向文件中追加字符串列表
```

【运行结果】

程序运行后，会将数据追加到 "testfile.txt" 文件中。

9.2.2　读文件

9.3　读文件

1．read()方法

（1）语法

read()方法用于从文件中读取指定的字节数，如果未给定参数或参数为负，则读取

整个文件内容，其语法格式如下：

```
文件对象名.read([size])
```

size 为从文件中读取的字节数，该方法返回从文件中读取的字符串。

（2）快速体验

【案例 9.3】 使用 read()方法读取"testfile.txt"文件。

【参考代码】

```
with open('testfile.txt','r') as file:    #以只读方式打开原有的名为
                                          "testfile.txt"的文件
line = file.read(10)              #读取前 10 个字节
print(line)                      #输出前 10 个字节
print('*'*30)                    #输出 30 个*用于分隔
content = file.read()            #读取文件中剩余的所有内容
print(content)                   #输出
```

【运行结果】

```
Interface
******************************
options
Generic options
Miscellaneous options
Options you shouldn't use
Environment
variables
```

2．readline()方法

（1）语法

readline()方法用于从文件中读取整行，包括"\n"字符。如果指定了一个非负数的参数，则表示读入指定大小的字符串，其语法格式如下：

```
文件对象名.readline([size])
```

（2）快速体验

【案例 9.4】 使用 readline()方法读取"testfile.txt"文件。

【参考代码】

```
with open('testfile.txt','r') as file:    #以只读方式打开原有的名为
                                          "testfile.txt"的文件
    line = file.readline()        #读取一行
    print(line)                  #输出
    print('*'*30)                #输出 30 个*用于分隔
    line = file.readline(10)      #读取下一行的前 10 个字符
    print(line)                  #输出
```

【运行结果】

```
Interface options

****************************

Generic op
```

3. readlines()方法

（1）语法

readlines()方法用于读取所有行（直到结束符 EOF）并返回列表，列表中每个元素为文件中的一行数据，其语法格式如下：

```
文件对象名.readlines()
```

（2）快速体验

【案例 9.5】 使用 readlines()方法读取"testfile.txt"文件。

【参考代码】

```
with open('testfile.txt','r')as file:#以只读方式打开原有的名为 "testfile.txt" 的文件
    content = file.readlines()        #读取所有行并返回列表
print(content)                        #输出列表
print('*'*60)                         #输出 60 个*用于分隔
for temp in content:                  #遍历列表
    print(temp)                       #输出列表每个元素
```

【运行结果】

```
['Interface options\n', 'Generic options\n', 'Miscellaneous options\n',
'Options you shouldn't use\n', 'Environment\n', 'variables']
************************************************************

Interface options

Generic options

Miscellaneous options

Options you shouldn't use

Environment

variables
```

readlines()方法相当于遍历文件，可以用循环实现：

```
with open('testfile.txt','r') as file:    #以只读方式打开原有的名为
                                          "testfile.txt" 的文件

    for line in file:          #遍历文件的所有行
        print(line)            #输出行
```

9.2.3 文件复制

1. 描述

文件复制即创建文件的副本，此项操作的本质仍是文件的打开、关闭与读写，基本

逻辑如图 9.3 所示。

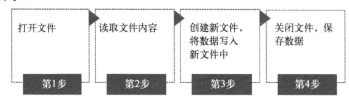

图 9.3 文件复制逻辑

2. 快速体验

将文件"testfile.txt"中的内容复制到另一个文件"copy.txt"中。

```
with open('testfile.txt','r') as file1,open('copy.txt','w') as file2:
                                       #打开两个文件
    file2.write(file1.read()) #将从"testfile.txt"中读取的内容写入"copy.txt"中
```

9.2.4 文件定位

9.4 文件定位

1. 获取当前文件位置

（1）语法

在读写文件的过程中，如果想知道当前文件位置指针的位置，可以通过调用 tell()方法来获取。tell()方法返回文件的当前位置，即文件位置指针当前位置。其语法格式如下：

```
文件对象名.tell()
```

（2）快速体验

【案例 9.6】 使用 tell()方法获取文件当前的读写位置。

【参考代码】

```
with open('testfile.txt','r') as file: #以只读方式打开名为"testfile.txt"
                                         的文件
    line = file.read(8)                 #读取前8个字节
    print(line)                         #输出前8个字节
    p = file.tell()                     #获取指针当前位置
    print('当前位置: ',p)               #输出当前位置
    line = file.read(4)                 #继续读取4个字节
    print(line)                         #输出读取到的数据
    p = file.tell()                     #获取指针当前位置
    print('当前位置: ',p)               #输出当前位置
```

【运行结果】

```
Interfac
当前位置: 8
e op
当前位置: 12
```

2. 定位到某个位置

（1）语法

如果在读写文件的过程中，需要从指定的位置开始读写操作，就可以使用 seek()方法实现。seek()方法用于移动文件位置指针到指定位置，其语法格式如图 9.4 所示。

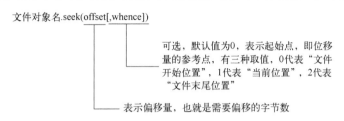

文件对象名.seek(offset[,whence])

可选，默认值为0，表示起始点，即位移量的参考点，有三种取值，0代表"文件开始位置"，1代表"当前位置"，2代表"文件末尾位置"

表示偏移量，也就是需要偏移的字节数

图 9.4 移动文件位置指针到指定位置

（2）快速体验

【案例 9.7】 创建名为"seek.txt"的文件，输入"This is a test!"并存放进文件中，读取单词"test"并输出到终端。

【问题分析】

首先创建并打开指定的文件，文件名由终端输入。然后在文件中写入"This is a test!"字符串，接着利用 seek()方法将文件位置指针指向"test"单词的字母"t"处，最后读取单词"test"并输出到终端。

【参考代码】

```
filename = input('请输入新建的文件名: ')    #输入文件名
with open(filename,'w+') as file:         #新建文件并以读写方式打开
    file.write('This is a test!')         #将字符串输入到文件
    file.seek(10)                         #指针移到从头开始的第 10 个字符处
    con = file.read(4)                    #读取 4 个字符给 con
    print(con)                            #输出
```

【运行结果】

```
请输入新建的文件名: test9.7
15
10
test
```

【程序说明】

以文本文件格式打开文件时，seek()方法中的 whence 参数取值只能是 0，即只允许从文件开始位置计算偏移量。若想从当前位置或文件末尾位置计算偏移量，需要使用"b"模式（二进制格式）打开文件。

【案例 9.8】 读取"seek.txt"文件中倒数第 2 个字符。

【参考代码】

```
with open('seek.txt','rb') as file:   #新建文件并以读写方式打开
```

```
file.seek(-2,2)          #将文件位置指针定位到倒数第 2 个字符处
con = file.read(1)       #读取 1 个字符给 con
print(con)               #输出
```

【运行结果】

```
13
b't'
```

9.3 文件夹操作

9.3.1 与文件操作有关的模块

1. os 模块

Python 标准库的 os 模块除了提供使用操作系统功能和访问文件系统的简便方法之外，还提供了大量文件夹操作的方法其功能说明见表 9.3。

表 9.3 os 模块方法

方 法	功 能 说 明
os.rename(src, dst)	重命名（从 src 到 dst）文件或目录，可以实现文件的移动，若目标文件已存在则抛出异常
os.remove(path)	删除路径为 path 的文件，如果 path 是一个文件夹，则抛出异常
os.mkdir(path[,mode])	创建目录，要求上级目录必须存在，参数 mode 为创建目录的权限，默认创建的目录权限为可读、可写、可执行
os.getcwd()	返回当前工作目录
os.chdir(path)	将 path 设为当前工作目录
os.listdir(path)	返回 path 目录下的文件和目录列表
os.rmdir(path)	删除 path 指定的空目录，如果目录非空，则抛出异常
os.removedirs(path)	删除多级目录，目录中不能有文件

2. os.path 模块

os.path 模块提供了大量用于路径判断、文件属性获取的方法，其功能说明见表 9.4。

表 9.4 os.path 模块方法

方 法	功 能 说 明
os.path.abspath(path)	返回给定路径的绝对路径
os.path.split(path)	将 path 分割成目录和文件名二元组返回
os.path.splitext(path)	分离文件名与扩展名；默认返回（fname,fextension）元组，可做分片操作
os.path.exists(path)	如果 path 存在，返回 True；如果 path 不存在，返回 False
os.path.getsize(path)	返回 path 文件的大小（字节）
os.path.getatime(path)	得到指定文件最后一次的访问时间
os.path.getctime(path)	得到指定文件的创建时间
os.path.getmtime(path)	得到指定文件最后一次的修改时间

getatime()、getctime()和 getmtime()方法分别用于获取文件的最近访问时间、创建时间和修改时间，不过返回值是浮点型数，可用 time 模块的 gmtime()或 localtime()方法换算。

3．shutil 模块

shutil 模块也提供了大量方法支持文件和文件夹操作，其功能说明见表 9.5。

表 9.5　shutil 模块方法

方　　法	功 能 说 明
shutil.copy(src,dst)	复制文件内容以及权限，如果目标文件已存在则抛出异常
shutil.copy2(src,dst)	复制文件内容以及文件的所有状态信息，如果目标文件已存在则抛出异常
shutil.copyfile(src,dst)	复制文件，不复制文件属性，如果目标文件已存在则直接覆盖
shutil.copytree(src,dst)	递归复制文件内容及状态信息
shutil.rmtree(path)	递归删除文件夹
shutil.move(src, dst)	移动文件或递归移动文件夹，也可给文件和文件夹重命名

9.3.2　文本词频统计

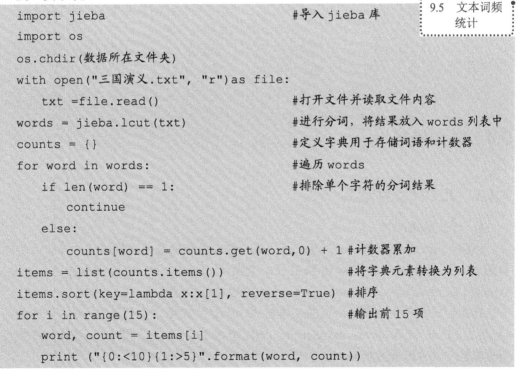

9.5　文本词频统计

【案例 9.9】　统计《三国演义》中前 15 个高频词。

【参考代码】

```
import jieba                              #导入 jieba 库
import os
os.chdir(数据所在文件夹)
with open("三国演义.txt", "r")as file:
    txt =file.read()                      #打开文件并读取文件内容
words = jieba.lcut(txt)                    #进行分词，将结果放入 words 列表中
counts = {}                               #定义字典用于存储词语和计数器
for word in words:                        #遍历 words
    if len(word) == 1:                    #排除单个字符的分词结果
        continue
    else:
        counts[word] = counts.get(word,0)  + 1 #计数器累加
items = list(counts.items())              #将字典元素转换为列表
items.sort(key=lambda x:x[1], reverse=True)  #排序
for i in range(15):                       #输出前 15 项
    word, count = items[i]
    print ("{0:<10}{1:>5}".format(word, count))
```

【运行结果】

```
荆州        120
玄德        103
```

曹操	97
马超	79
孔明	70
主公	69
周瑜	64
刘备	62
孙权	49
玄德曰	48
如此	46
丞相	44
鲁肃	40
却说	40
东吴	38

【程序说明】

jieba 是 Python 中一个重要的第三方中文分词函数库。由于 jieba 库是第三方库，不是 Python 安装包自带的，因此，需要通过 pip 指令进行安装。pip 安装命令如下：

```
C:\>pip3 install jieba
```

安装完成后，可调用库中的 lcut() 函数进行分词，例如：

```
>>>import jieba
>>>jieba.lcut('我们正在努力学习 Python 语言')
['我们', '正在', '努力学习', 'Python', '语言']
```

9.4 文件格式

9.4.1 JSON 文件读写

1. 什么是 JSON

JSON（JavaScript Object Notation）是一种轻量级的数据交换格式，易于人们阅读和编写，同时也易于机器解析和生成。它基于 JavaScript Programming Language，Standard ECMA-262 3rd Edition - December 1999 的一个子集。

JSON 采用完全独立于语言的文本格式，但是也使用了类似于 C 语言家族的习惯（包括 C、C++、C#、Java、JavaScript、Perl、Python 等），多用于 Web 应用程序来进行数据交换，文件扩展名是.json。

2. 数据转换对照

数据转换对照表见表 9.6。

表 9.6 数据转换对照表

JSON	Python
object	dict
array	list
string	str
number (int)	int
number (real)	float
true	True
false	False
null	None

3. JSON 文件读写

Python 读写 JSON 文件使用如表 9.7 所示函数，首先需要导入模块 JSON。

表 9.7 JSON 文件读写表

函 数	作 用
json.dumps	对数据进行编码，将 Python 中的字典转换为字符串
json.loads	对数据进行解码，将字符串转换为 Python 中的字典
json.dump	将 dict 数据写入 JSON 文件中
json.load	打开 JSON 文件，并把字符串转换为 Python 的 dict 数据

写入 JSON 的内容只能是 dict 类型，如：

```python
import json
import os
os.chdir("D:\教材\Python\数据集\第 9 章")
tesdic = {
    'name': 'Tom',
    'age': 18,
    'score':
        {
            'math': 98,
            'chinese': 99
        }
}
json_str = json.dumps(tesdic)
with open("res.json", 'w', encoding='utf-8') as fw:
    json.dump(json_str, fw, indent=4, ensure_ascii=False)
```

同理，从 JSON 中读取到的数据也是 dict 类型，如：

```python
with open("res.json", 'r', encoding='utf-8') as fw:
```

```
    injson = json.load(fw)
print(type(injson))    #返回<class 'dict'>
```

9.4.2　CSV 文件读写

1. CSV 文件格式

1）CSV 可以用记事本或者 Excel 打开。

2）CSV 文件以纯文本形式存储表格数据。纯文本意味该文件就是一个字符序列。

3）CSV 文件由任意数目的记录组成，记录间以某种换行符分隔，每条记录由字段组成，字段间的分隔符是其他字符或字符串，最常见的是逗号或制表符。

2. 读 CSV 文件代码

```
import pandas as pd
import os
os.chdir("D:\教材\Python\数据集")
df = pd.read_csv("dead.csv",)
df.head(2)
```

3. 写 CSV 文件代码

（1）方法 1

```
import csv
import os
os.chdir("D:\教材\Python\数据集")
data = [
    ("测试 1",'软件测试工程师'),
    ("测试 2",'软件测试工程师'),
    ("测试 3",'软件测试工程师'),
    ("测试 4",'软件测试工程师'),
    ("测试 5",'软件测试工程师'),
]
f = open('测试 1.csv','w','gbk')
writer = csv.writer(f)
for i in data:
    writer.writerow(i)
f.close()
```

执行完，在"D:\教材\Python\数据集"下多一个文件"测试 1.csv"。

（2）方法 2

```
import pandas as pd
import os
os.chdir("D:\教材\Python\数据集")
```

```
data = [
    ("测试 1",'软件测试工程师'),
    ("测试 2",'软件测试工程师'),
    ("测试 3",'软件测试工程师'),
    ("测试 4",'软件测试工程师'),
    ("测试 5",'软件测试工程师'),
]
df=pd.DataFrame(data)
df.columns=['试卷类型','岗位']
df.to_csv("测试 2.csv",index=False,sep=',')
```

执行完，在"D:\教材\Python\数据集"下多一个文件"测试 1.csv"。

9.5　本章小结

1）文本文件和二进制文件的操作流程是一样的，首先打开文件或创建文件对象，然后通过该对象提供的方法对文件内容进行读取、写入、删除、修改等操作，最后关闭并保存文件内容。

2）进行文件内容的读写操作时推荐使用上下文管理语句 with。

3）掌握文件读写方法和文件定位方法的使用。

4）os 模块、os.path 和 shutil 是文件与文件夹操作常用的子模块。

习题 9

一、选择题

1. 下列选项中，哪个不是 Python 读文件的方法（　　）。

    A．read()　　　　　　B．readline()　　　　C．readlines()　　　　D．readtext()

2. 在 Python 中对文件操作的一般步骤是（　　）。

    A．读文件→写文件→关闭文件　　　　　B．打开文件→读写文件→关闭文件

    C．打开文件→操作文件　　　　　　　　D．修改文件→关闭文件

3. 在 Python 中，下面对文件的叙述正确的是（　　）。

    A．用"r"方式打开的文件只能向文件写数据

    B．用"R"方式也可以打开文件

    C．用"w"方式打开的文件只能用于向文件写数据，且该文件可以不存在

    D．用"r"方式可以打开不存在的文件

4. 打开一个已有文件，在文件末尾追加信息，正确的打开方式为（　　）。

    A．'a'　　　　　　　B．'r'　　　　　　　C．'w'　　　　　　　D．'w+'

5. 下列方法中，可用于向文件中写入内容的是（　　）。

  A．open()   B．write()   C．read()   D．close()

6. 下列选项中，用于读取一行内容的语句是（　　）。

  A．file.read()   B．file.readline()

  C．file.readlines()   D．file.read(10)

7. 下列方法中，用于创建目录的是（　　）。

  A．os.rename() B．os.remove() C．os.mkdir() D．os.listdir()

8. 有以下程序：

```
f = open('file.txt','a+')
f.write('abc')
f.seek(0,0)
s = f.read()
print(s)
f.close()
```

若文本文件 file.txt 中原有内容为"hello"，则运行以上程序后，输出为（　　）。

  A．helloabc B．abclo C．abc D．abchello

9. 以下函数中用于文件定位的函数是（　　）。

  A．open   B．seek   C．write   D．read

10. 已知 D 盘根目录下有文本文件"data.txt"，若程序需要先从"news.txt"文件中读出数据，修改后再写入"data.txt"文件中，则最合适的打开文件方式是（　　）。

  A．fp= open('d: \\news.txt')   B．fp. open('d: \\news.txt', 'r+')

  C．fp= open('d: \\news.txt', 'r+') D．fp= open('d: \\news.txt', 'a')

二、填空题

1. 打开文件进行读写后，应调用（　　）方法关闭文件。

2. readlines()方法用于读取所有行并返回（　　）。

3. （　　）方法返回文件的当前位置，即文件位置指针当前位置。

4. 已知文件对象名为 file，将文件位置指针移到文件开始位置的第 10 个字符处，正确的语句为（　　）。

5. （　　）方法用于返回当前工作目录。

6. （　　）方法用于向文件中写入一系列的字符串。

7. 使用上下文管理关键字（　　）可以自动管理文件对象，不论何种原因结束该关键字中的语句块，都能保证文件被正确关闭。

8. getatime()、getctime()和 getmtime()方法的返回值是浮点型数，可用 time 模块的（　　）方法换算。

9. JSON(JavaScript Object Notation) 是一种轻量级的（　　）格式，易于人们阅读和编写，同时也易于机器解析和生成。

10. CSV 是（　　）的文件格式，可以用计算机中自带的记事本或者 Excel 打开。

三、判断题

1．CSV（Comma-Separated Values）文件也称为字符分隔值文件，分隔字符可以不是逗号。（ ）

2．使用内置函数 open()且以"w"模式打开的文件，文件指针默认指向文件尾。（ ）

3．每个 Python 文件就是一个模块。（ ）

4．使用内置函数 open()打开文件时，只要文件路径正确就总是可以正确打开的。（ ）

5．以读模式打开文件时，文件指针指向文件开始处。（ ）

四、编程题

1．已知名为"1.txt"的文件中存放有若干个用空格隔开的整数，请编写程序读取所有数字，排序后输出。

2．从键盘输入一个字符串，将小写字母全部转换成大写字母，然后输出到一个磁盘文件"2.txt"中保存。

3．有两个文件 A 和 B，各存放一行字母，要求把这两个文件中的信息合并，输出到一个新文件 C 中。

第 10 章 异　　常

初学者在程序运行过程中，由于程序本身设计问题或者外界环境改变而引发的错误称为异常。引发异常的原因有很多，如下标越界、文件不存在、网络异常以及数据类型错误等。如果这些异常得不到正确处理就会导致程序终止运行，而合理地使用异常处理可以使得程序更加健壮，并具有更强的容错性。

本章首先介绍异常的概念以及常见的异常类；然后重点介绍异常处理的几种结构；最后介绍抛出异常和用户自定义异常的方法。

10.1　错误和异常

10.1.1　概述

程序中会遇到各种各样的问题，最常见的问题便是语法错误。语法错误是指开发人员编写了不符合 Python 语法格式的代码所引起的错误。

程序运行期间检测到的错误称为异常。若异常不被处理，则默认会导致程序崩溃而终止运行。

无论是哪种错误，都会导致程序无法正常运行。

所有的异常类都继承自基类 BaseException。BaseException 类中包含 4 个子类，其中子类 Exception 是大多数常见异常类的父类，如图 10.1 所示。

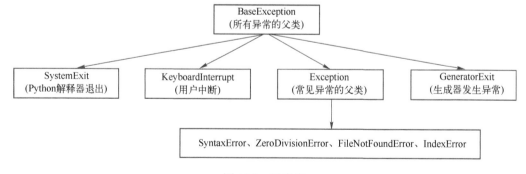

图 10.1　异常类

Exception 中常见的子类及其描述见表 10.1。

表 10.1   Exception 中常见子类描述

类　名	描　述
SyntaxError	发生语法错误时引发
FileNotFoundError	未找到指定文件或目录时引发
NameError	找不到指定名称的变量时引发
ZeroDivisionError	除数为 0 时的异常
IndexError	当使用超出列表范围的索引时引发
KeyError	当使用映射不存在的键时引发
AttributeError	当尝试访问未知对象属性时引发
TypeError	当试图在使用 a 类型的场合使用 b 类型时引发

10.1.2　语法错误

1. SyntaxError

语法错误也称为解析错误，是初学者经常会遇到的问题，如图 10.2 所示。

图 10.2　含语法错误代码

执行后结果如图 10.3 所示。

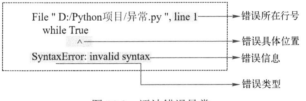

图 10.3　语法错误异常

2. 逻辑错误

即使 Python 程序的语法是正确的，在运行时也有可能发生错误，这种在运行期间检测到的错误称为异常。大多数异常是不会被程序自动处理的，会以错误信息的形式体现。

一段语法格式正确的 Python 代码在运行时产生的错误称为逻辑错误，如图 10.4 所示。

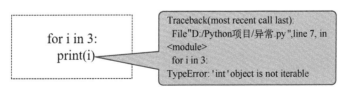

图 10.4　逻辑错误

错误提示：in 后面应该是可迭代的序列，不可以是整数。

10.1.3　异常

1．TypeError

当将不同类型的数据进行运算操作时，有时会引发 TypeError（不同类型间的无效操作）异常。

```
birth = input('birth:')
if birth < 2000:
    print('00前')
else:
    print('00后')
```

运行结果如图 10.5 所示。

```
birth:1998

TypeError                                 Traceback (most recent call last)
~\AppData\Local\Temp/ipykernel_18012/4176507280.py in <module>
      1 birth =input('birth:')
----> 2 if birth < 2000:
      3     print('00前')
      4 else:
      5     print('00后')

TypeError: '<' not supported between instances of 'str' and 'int'
```

图 10.5　TypeError 异常

2．ZeroDivisionError

```
print(1/0)
```

运行结果如图 10.6 所示。

```
ZeroDivisionError                         Traceback (most recent call last)
~\AppData\Local\Temp/ipykernel_18012/165659023.py in <module>
----> 1 print(1/0)

ZeroDivisionError: division by zero
```

图 10.6　ZeroDivisionError 异常

3．NameError

```
a = 1
c = a + b
print(c)
```

运行结果如图 10.7 所示。

```
NameError                                 Traceback (most recent call last)
~\AppData\Local\Temp/ipykernel_18012/3659756476.py in <module>
      1 a = 1
----> 2 c = a + b
      3 print(c)

NameError: name 'b' is not defined
```

图 10.7　NameError 异常

4. IndentationError

Python 最具特色的就是依靠代码块的缩进来体现代码之间的层次关系和逻辑关系。当缩进错误时，会引发 IndentationError（缩进错误）异常。

```
list_1 = [1,2,3,4]
for i in list_1:
print(i)
```

运行结果如图 10.8 所示。

```
File "C:\Users\Administrator\AppData\Local\Temp/ipykernel_18012/934133949.py", line 3
  print(i)

IndentationError: expected an indented block
```

图 10.8　IndentationError 异常

5. IndexError

当使用序列中不存在的索引时，会引发 IndexError（索引超出序列的范围）异常。

```
list_1 = [1,2,3,4]
print(list_1[4])
```

运行结果如图 10.9 所示。

```
IndexError                                  Traceback (most recent call last)
~\AppData\Local\Temp/ipykernel_18012/2773601392.py in <module>
      1 list_1 = [1, 2, 3, 4]
----> 2 print(list_1[4])

IndexError: list index out of range
```

图 10.9　IndexError 异常

6. KeyError

当使用字典中不存在的键时，会引发 KeyError（字典中查找一个不存在的关键字）异常。

```
dict_1 = {'one':1,'two':2}
print(dict_1['one'])
print(dict_1['three'])
```

运行结果如图 10.10 所示。

```
1

KeyError                                    Traceback (most recent call last)
~\AppData\Local\Temp/ipykernel_18012/1640227472.py in <module>
      1 dict_1 = {'one':1,'two':2}
      2 print(dict_1['one'])
----> 3 print(dict_1['three'])

KeyError: 'three'
```

图 10.10　KeyError 异常

7．ValueError

当传给函数的参数类型不正确时，会引发 ValueError（传入无效参数）异常。

```
a = int('b')
```

运行结果如图 10.11 所示。

```
ValueError                          Traceback (most recent call last)
~\AppData\Local\Temp/ipykernel_18012/2380077056.py in <module>
----> 1 a = int('b')

ValueError: invalid literal for int() with base 10: 'b'
```

图 10.11　ValueError 异常

8．FileNotFoundError

当试图用只读方式打开一个不存在的文件时，会引发 FileNotFoundError（Python 3.2 以前是 IOError）异常。

```
file = open('1.txt')
```

运行结果如图 10.12 所示。

```
FileNotFoundError                   Traceback (most recent call last)
~\AppData\Local\Temp/ipykernel_20404/3194966043.py in <module>
----> 1 file = open('1.txt')

FileNotFoundError: [Errno 2] No such file or directory: '1.txt'
```

图 10.12　FileNotFoundError 异常

9．AttributeError

当尝试访问未知的对象属性时，会引发 AttributeError（尝试访问未知的对象属性）异常。

```
class Car():
    color = 'black'
car = Car()
print(car.color)
print(car.name)
```

运行结果如图 10.13 所示。

```
black
```

```
AttributeError                      Traceback (most recent call last)
~\AppData\Local\Temp/ipykernel_20404/3771611034.py in <module>
      3 car = Car()
      4 print(car.color)
----> 5 print(car.name)

AttributeError: 'Car' object has no attribute 'name'
```

图 10.13　AttributeError 异常

10.2　捕获异常

10.2.1　try-except

1．捕获单个异常

（1）语法

try-except 语句用于检测和处理异常，其最简单的语法格式如下：

```
try:
    #可能会引发异常的代码块
except Exception:
    #出现异常后执行的代码块
```

（2）说明

try-except 语句的执行过程如下：

1）解释器优先执行 try 子句中的代码。

2）若 try 子句未产生异常，则忽略 except 子句中的代码。

3）若 try 子句产生异常，则忽略 try 子句的剩余代码，转而执行 except 子句中的代码。

（3）快速体验

【案例 10.1】　捕获单个异常。

【参考代码】

```
try:
    a = float(input('请输入被除数: '))
    b = float(input('请输入除数: '))
    c = a/b
    print('商为:',c)
except ZeroDivisionError:
    print('除数不能为 0! ')
```

【运行结果】

```
请输入被除数: 2
请输入除数: 0
除数不能为 0!
```

2．不同异常设置多个 except

（1）语法

```
try:
    #可能会引发异常的代码块
except Exception1:
    #处理异常类型 1 的代码块
except Exception2:
```

```
    #处理异常类型 2 的代码块
except Exception3:
    #处理异常类型 3 的代码块
...
```

（2）快速体验

【案例 10.2】 不同异常设置多个 except。

【参考代码】

```
try:
    a = float(input('请输入被除数: '))
    b = float(input('请输入除数: '))
    c = a/b
    print('商为:',c)
except ZeroDivisionError:
    print('除数不能为 0! ')
except ValueError:
    print('被除数和除数应为数值类型! ')
```

【运行结果】

```
请输入被除数: 5
请输入除数: a
被除数和除数应为数值类型!
```

3. 多个异常统一处理

（1）描述

为减少代码量，Python 允许将多个异常类型放到一个元组中，然后使用一个 except 子句同时捕捉多种异常，并且共用同一段异常处理代码。

（2）快速体验

【案例 10.3】 多个异常统一处理。

【参考代码】

```
try:
    a = float(input('请输入被除数: '))
    b = float(input('请输入除数: '))
    c = a/b
    print('商为:',c)
except (ZeroDivisionError,ValueError) as r:
    print('捕获到异常:%s'%r)
```

【运行结果】

```
请输入被除数: 5
```

请输入除数：0
捕获到异常:float division by zero

4．捕获所有异常

（1）描述

如果无法确定要对哪一类异常进行处理，只是希望在 try 语句块出现任何异常时，都给用户一个提示信息，那么可以在 except 子句中不指明异常类型。

（2）快速体验

【案例 10.4】　捕获所有异常。

【参考代码】

```
try:
    a = float(input('请输入被除数: '))
    b = float(input('请输入除数: '))
    c = a/b
    print('商为:',c)
except Exception as r:
    print('捕获到异常:%s'%r)
```

【运行结果】

请输入被除数：5
请输入除数：a
捕获到异常:could not convert string to float: 'a'

10.2.2　try-except-else

1．语法

try-except 语句还有一个可选的 else 子句，如要使用该子句，必须将其放在所有 except 子句之后。该子句将在 try 子句没有发生任何异常时执行。该结构的语法格式如下：

```
try:
    #可能会引发异常的代码块
except Exception [as reason]:
    #出现异常后执行的代码块
else:
    #如果 try 子句中的代码没有引发异常，则执行该代码块
```

2．快速体验

【案例 10.5】　以只读方式打开文件，并统计文件中文本的行数，如果文件不存在则给出提示信息。

【参考代码】

```
arg = '1.txt'
    try:
```

```
        f = open(arg, 'r')
    except FileNotFoundError:
        print(arg,'文件不存在')
    else:
        print(arg, '文件有', len(f.readlines()), '行')
        f.close()
```

建议在 try 子句中只放真的有可能会引发异常的代码，将其余代码放在 else 子句中。

10.2.3　try-except-finally

1．语法

在程序中，类似上述情况，无论是否捕获到异常，都需要执行一些终止行为（如关闭文件），Python 引入了 finally 子句来扩展 try。该结构的语法格式如下：

```
try:
    #可能会引发异常的代码块
except Exception [as reason]:
    #出现异常后执行的代码块
finally:
    #无论try子句中的代码有没有引发异常，都会执行的代码块
```

2．快速体验

【案例 10.6】　修改案例 10.5 代码，使其无论是否捕获到异常，都会执行关闭文件的操作。

【参考代码】

```
try:
    f = open('1.txt')
    print(a)
except:
    print('出错啦！')
finally:
    f.close()
```

【程序说明】

运行程序时，如果"1.txt"文件不存在，就会在 finally 子句中关闭文件时引发异常。

注意：异常处理结构不是万能的，并不是采用了异常处理结构就万事大吉了，finally 子句中的代码也可能会引发异常。

10.2.4 包含多个 except 异常处理

1. 语法

Python 异常处理结构中可以同时包含多个 except 子句的异常处理，其语法格式如下：

```
try:
    #可能会引发异常的代码块
except Exception1:
    #处理异常类型 1 的代码块
except Exception2:
    #处理异常类型 2 的代码块
...
else:
    #如果 try 子句中的代码没有引发异常，则执行该代码块
finally:
    #无论 try 子句中的代码有没有引发异常，都会执行的代码块
```

1）在上述语句中，异常处理结果必须以"try"→"except"→"else"→"finally"的顺序出现，即所有的 except 必须在 else 和 finally 之前，else 必须在 finally 之前，否则会出现语法错误。

2）else 和 finally 都是可选的。

3）else 的存在必须以 except 语句为前提。也就是说，如果在没有 except 语句的 try 语句中使用 else 语句会引发语法错误。

2. 快速体验

【案例 10.7】 包含多个 except 异常处理。

【参考代码】

```
try:
    a = float(input('请输入被除数: '))
    b = float(input('请输入除数: '))
    c = a/b
    print('商为:',c)
except ZeroDivisionError:
    print('除数不能为 0! ')
except ValueError:
    print('被除数和除数应为数值类型! ')
except:
    print('其他错误! ')
else:
```

```
    print('运行没有错误！')
finally:
    print('运行结束！')
```

【运行结果】

请输入被除数：5	请输入被除数：5	请输入被除数：5
请输入除数：2	请输入除数：0	请输入除数：a
商为：2.5	除数不能为 0!	被除数和除数应为数值类型！
运行没有错误！	运行结束！	运行结束！
运行结束！		

10.3 抛出异常

10.3 抛出异常

在 Python 中，程序运行出现错误时会引发异常。要想在程序中主动抛出异常，可以使用 raise 和 assert 语句。

10.3.1 raise 语句：输出空心字符矩形图形

1. 语法

（1）使用异常名引发异常

使用异常名引发异常的基本语法格式如下：

```
raise 异常名称
```

（2）使用异常类的实例引发异常

使用异常类的实例引发异常的基本语法格式如下：

```
raise 异常名称('异常描述')
```

2. 说明

如果没有 try 和 except 语句覆盖抛出异常的 raise 语句，该程序就会崩溃，并显示异常的出错信息。因此，通常将 raise 语句放在一个函数中，在 try 和 except 语句块中调用该函数，用于判断传入的参数是否满足要求，如果不满足要求则抛出异常。

3. 快速体验

【案例 10.8】 输出空心字符矩形图形。

【问题分析】

基本思路：

1）判断第一个参数是否是一个字符，否则抛出异常。

2）判断第 2、3 个参数是否大于 2，否则抛出异常。

3）输出第一行字符。

4）输出其余各行两端的字符。

5）输出最后一行字符。

【参考代码】

```
def boxPrint(s, w, h):
    if len(s) != 1:                 #当输入的字符不为单个字符时抛出异常
        raise Exception('输入的符号必须是单个字符！')
    if w <= 2:                      #当输入的宽度小于或等于 2 时抛出异常
        raise Exception('宽必须大于 2！')
    if h <= 2:                      #当输入的高度小于或等于 2 时抛出异常
        raise Exception('高必须大于 2！')
    print(s * w)                    #输出第一行字符
    for i in range(h - 2):          #前后各输出一个字符
        print(s + (' ' * (w - 2)) + s)
    print(s * w)                    #输出最后一行图形
for s, w, h in (('*', 8, 3), ('#', 8, 3), ('$$', 3, 3), ('@', 1,
3),( '+', 3, 2)):                   #给 s, w, h 赋不同的值
    try:                            #异常处理
        boxPrint(s, w, h)
    except Exception as err:
        print('发生了一个异常：' + str(err))
```

【运行结果】

```
********
*      *
********
########
#      #
########
发生了一个异常：输入的符号必须是单个字符！
发生了一个异常：宽必须大于 2！
发生了一个异常：高必须大于 2！
```

【程序说明】

1）利用循环给 s、w、h 赋不同的值，是一种测试技巧。

2）函数参数通过元组传递，是一种必须掌握的编程方法。

【案例 10.9】　传递异常。

【问题分析】

捕获到了异常，但是又想重新引发它（传递异常），可以使用不带参数的 raise 语句。

【程序代码】

```
try:
    raise NameError('命名错误')
except NameError:
    print('出现了一个异常！')
    raise
```

示例中，try 子句中使用 raise 语句抛出了 NameError 异常，程序会跳转到 except 子句中执行，输出打印语句，然后使用 raise 再次引发刚刚发生的异常，导致程序出现错误而终止运行。

【运行结果】

```
出现了一个异常！
Traceback (most recent call last):
    File "E:\Python 代码\第 10 章\1.py", line 2, in <module>
    raise NameError('命名错误')
NameError: 命名错误
```

10.3.2 assert 语句：验证录入的成绩合法

1. 语法

assert 语句又称为断言，断言表示为一些逻辑表达式。程序员相信，在程序中的某个特定点该表达式值为真，如果为假，就会触发 AssertionError 异常。assert 语句的基本语法格式如下：

```
assert 逻辑表达式 [,参数]
```

assert 后面紧跟逻辑表达式，参数为一个字符串，当表达式的值为假时，作为异常类的描述信息使用。逻辑上等同于：

```
if not 逻辑表达式:
    raise AssertionError(参数)
```

assert 语句用来收集用户定义的约束条件，而不是捕获内在的程序设计错误。

2. 快速体验

【案例 10.10】 验证录入的成绩合法。

【问题分析】

整个程序位于 while 循环内部，循环中通过 try-except 进行异常处理。在 try 子句中，通过键盘获取了 int 类型的数据 score，然后断言 score 的值必须是在 0～100 分之间。如果输入的数据不在 0～100 之间，则会抛出 AssertionError 异常，从而执行 except 子句，输出提示信息并跳出循环，结束程序。

【参考代码】

```
while True:
    try:
```

```
        score=int(input("请输入百分制成绩: "))
    #断言 score 是在 0~100 分之间，如果不是抛出异常
        assert score>=0 and score<=100,'分数必须在 1~100 之间'
        if score>=90:
            print("优")
        elif score>=80:
            print("良")
        elif score>=70:
            print("中")
        elif score>=60:
            print("及格")
        else:
            print("不及格")
    except Exception as r:
        print('发生异常: ',r)
        break       #跳出循环
```

【运行结果】

```
请输入百分制成绩: 78
中
请输入百分制成绩: 93
优
请输入百分制成绩: 56
不及格
请输入百分制成绩: -70
发生异常:  分数必须在 1~100 之间

请输入百分制成绩: 210
发生异常:  分数必须在 1~100 之间
```

【程序说明】

如果不是异常就跳出循环，通过输入"q"跳出，如何修改程序？

10.4　用户自定义异常：验证输入的性别是否合法

10.4　用户自定义
异常：验证输入的
性别是否合法

1. 描述

Python 的异常分为两种：一种是内建异常，就是系统内置的异常，在某些错误出现时自动触发；另一种是用户自定义异常，就是用户根据自己的需求设置的异常。

我们知道，Exception 类是所有异常的基类，因此，用户自定义异常类需从

Exception 类继承。

2．快速体验

【案例 10.11】 验证输入的性别是否合法。用户注册账户时，输入的性别只能是"男"或"女"，要求自定义异常，当输入数据不是"男"或"女"时抛出异常。

【问题分析】

1）用户自定义异常类。

2）定义函数，用于输入性别并判断是否输入的是"男"或"女"。

3）异常处理。

【参考代码】

```python
#用户自定义异常类
class SexException(Exception):
    def __init__(self,msg,value):
        self.msg = msg
        self.value = value


#定义函数，用于输入性别并判断是否输入的是"男"或"女"
def f():
    sex = input('请输入性别:')
    if sex!='男' and sex!='女':
        raise SexException('性别只能输入男或者女',sex)   #抛出异常


#异常处理
try:
    f()
except Exception as ex:
    print('错误信息是: %s，输入的性别是: %s'%(ex.msg,ex.value))
```

【运行结果】

```
请输入性别: m
错误信息是: 性别只能输入男或者女，输入的性别是: m
```

10.5 本章小结

try-except 结构如图 10.14 所示。

1）异常一般是指程序运行时发生的错误。

2）合理使用异常处理可以提高程序的容错性和健壮性。

3）try-except 语句用于检测和处理异常，当 try 子句中的代码引发异常并被 except 子句捕获，就执行 except 子句的代码块。

4）针对不同异常可设置多个 except 子句，也可对多个异常进行统一处理。

5）异常处理结构可以带有 else 子句，让 try 子句中的代码没有出现任何错误时执行 else 子句中的代码。

6）在异常处理结构中，finally 子句中的代码总是会被执行。

7）在 Python 中，程序运行出现错误时会引发异常。要想在程序中主动抛出异常，可以使用 raise 和 assert 语句。

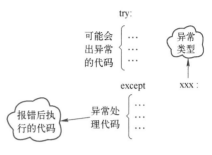

图 10.14　try-except 结构

8）断言语句 assert 一般用于对程序某个时刻必须满足的条件进行验证。

9）用户自定义异常类需从 Exception 类继承。

习题 10

一、选择题

1．下列哪个选项不是 Python 异常处理可能用到的关键字（　　）。

　　A．try　　　　　　　B．else　　　　　　C．if　　　　　　　D．finally

2．运行 print(a)后，会产生（　　）异常。

　　A．NameError　　　B．SyntaxError　　C．IndexError　　　D．ValueError

3．关于 try-except，下列哪个选项的描述是错误的（　　）。

　　A．表达了一种分支结构的特点

　　B．用于对程序的异常进行捕捉和处理

　　C．使用了异常处理，程序将不会再出错

　　D．NameError 是一种异常类型

4．下列错误信息中，（　　）是异常对象的名称。

```
Traceback (most recent call last):
File "E:\Python 代码\第 10 章\1.py", line 1, in <module>
print(1/0)
ZeroDivisionError: division by zero
```

　　A．Traceback　　　　　　　　　　　B．ZeroDivisionError

　　C．print(1/0)　　　　　　　　　　　D．division by zero

5．下列选项中，（　　）异常表示 Python 语法错误。

　　A．NameError　　　　　　　　　　　B．SyntaxError

　　C．IndexError　　　　　　　　　　　D．ValueError

6．运行以下程序，输出结果为（　　）。

```
try:
```

```
a = 'hello'
print(b)
except SyntaxError:
print('出错啦！')
```

A. hello　　　　　　　　　　B. 出错啦！

C. b　　　　　　　　　　　　D. 程序运行中断，抛出异常

7. 当 try 子句中没有任何错误时，一定不会执行（　　）语句。

A. try　　　　　B. else　　　　　C. except　　　　　D. finally

8. 在完整的异常语句中，语句出现的顺序正确的是（　　）。

A. "try" → "except" → "else" → "finally"

B. "try" → "else" → "except" → "finally"

C. "try" → "except" → "finally" → "else"

D. "try" → "else" → "finally" → "except"

9. Python 使用（　　）语句抛出一个指定的异常。

A. try　　　　　B. finally　　　　　C. except　　　　　D. raise

10. 下列描述中错误的是（　　）。

A. 使用 raise 抛出异常时无法指定描述信息

B. 无论程序是否捕获到异常，一定会执行 finally 子句

C. 所有的 except 子句一定在 else 和 finally 的前面

D. 如果 except 子句没有指明任何异常类型，则表示捕获所有异常

二、填空题

1. Python 中所有的异常类都是（　　）的子类。

2. 当使用序列中不存在的索引时，会引发（　　）异常。

3. 当约束条件不满足时，（　　）语句会触发 AssertionError 异常。

4. 同一段程序可能产生不止一种异常，可以放置多个（　　）子句，一旦代码抛出异常，第一个与之匹配的就会被执行。

5. 抛出异常、生成异常对象都可以通过（　　）语句实现。

6. 运行下列程序，当 "1.txt" 文件不存在时，输出结果为（　　）。

```
try:
    f = open('1.txt')
    line = f.read()
    print(line)
    f.close()
except:
    print('出错啦！')
finally:
    print('文件已经关闭！')
```

7．可在（　　　）语句中使用多个 except 子句并且每一个可以捕捉多个异常。

8．在异常处理结构中，不论是否发生异常，（　　）子句中的代码总是会执行的。

9．带有 else 子句的异常处理结构，如果不发生异常则执行（　　　）子句中的代码。

10．用语句"except Exception as err:print(err)"可以输出（　　　）。

三、判断题

1．程序中异常处理结构在大多数情况下是没必要的。（　　　）

2．Python 中使用 with 语句对文件对象进行异常处理，为了保证文件系统的安全性，读写结束后仍然需要用 close()方法关闭文件。（　　　）

3．由于异常处理结构 try…except…finally…中 finally 里的语句块总是被执行的，所以把关闭文件的代码放到 finally 块里肯定是万无一失，一定能保证文件被正确关闭并且不会引发任何异常。（　　　）

4．异常处理结构的 finally 块中代码仍然有可能出错从而再次引发异常。（　　　）

5．在 try…except…else 结构中，如果 try 块的语句引发了异常则会执行 else 块中的代码。（　　　）

6．Python 中允许利用 raise 语句由程序主动引发异常。（　　　）

7．try 语句中有 except 子句就不能有 finally 子句，反之亦然。（　　　）

8．如果引用一个不存在索引的列表元素则会引发 NameError 异常。（　　　）

9．异常处理结构不是万能的，处理异常的代码也有引发异常的可能。（　　　）

10．在 try…except…else 语句中 else 子句的语句块是无论如何都会被执行的。（　　　）

四、编程题

1．定义函数 func(filename)，其中，filename 为文件的路径，函数的功能是：打开文件，并且返回文件内容，最后关闭，用异常处理可能发生的错误。

2．定义函数 func(listinfo)，其中，listinfo 为列表，返回一个包含小于 100 的偶数的列表，并且用 assert 来断言返回结果和类型。假设 listinfo=[133,88,33,22,44,11,44,55,33,22,11,11,444,66,555]

3．自定义一个异常类继承 Exception 类，捕获下面的过程：判断输入的字符串长度是否小于 5，如果小于 5，比如长度为 3，则输出"The input is of length 3,expecting at least 5！"，如果大于 5 则输出"Print success！"。

4．假设成年人的体重和身高存在此种关系：身高（cm）–100=标准体重（kg）。编写程序实现：输入一个人的身高和体重，如果体重与其标准体重的差值在±5%之间，显示"体重正常"，体重大于标准体重的 5%则显示"体重超标"，体重小于标准体重的 5%，则显示"体重不达标"。要求处理用户输入异常，并且使用自定义异常类来处理身高小于 30cm、大于 250cm 的异常情况。

第 11 章 爬　　虫

随着网络的迅速发展，如何有效地提取并利用信息已经成为一个巨大的挑战。为了更高效地获取指定信息，需定向抓取并分析网页资源，从而促进了网络爬虫的发展。本章将介绍使用 Python 编写网络爬虫的方法。

爬虫是一个按照一定规则，自动抓取互联网信息的脚本程序。所以爬虫的工作过程就是访问网站—返回网站内容—从内容中获取需要的信息并保存。

11.1　认识 HTML

1．什么是 HTML

HTML 是超文本标记语言的缩写（HyperText Markup Language）。利用 HTML 标记（或标签），可以告诉浏览器被标记的内容要如何摆放及内容的含义，如\<p\>这是个段落元素\</p\>，这里，被标记的内容是"这是个段落元素"，而\<p\>\</p\>则是 HTML 的分段标记；当浏览器读取到这个标记时，就知道这里的内容是一个段落文本，然后用相应的格式显示。

要让页面正确地显示，就必须使用正确的 HTML 语法和 HTML 标签。

注意：HTML 语言为解释型语言。

2．HTML 文档结构

（1）简单的 HTML 文档

以下是一个简单的 HTML 代码段，浏览器执行效果如图 11.1 所示。

```
<!DOCTYPE html>
<html>
    <head>
        <meta charset="utf-8">
        <title>菜鸟教程(runoob.com)</title>
    </head>
    <body>
        <h1>我的第一个标题</h1>
        <h2>这是一个标题</h2>
        <h3>这是一个标题</h3>
```

```
            <p>我的第一个段落。</p>
            <p>这是第二个段落。</p>
            <p>这是第三个段落。</p>
        </body>
</html>
```

（2）HTML 文档结构

HTML 文档结构如图 11.2 所示。

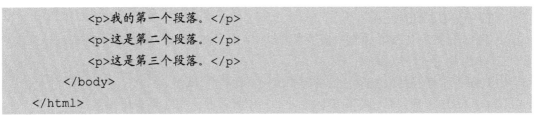

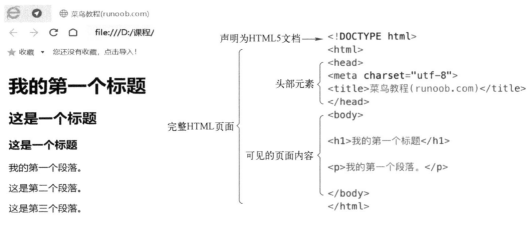

图 11.1　浏览器执行效果　　　　　　　图 11.2　HTML 文档结构

一个具体的 HTML 文档标签解析为一棵树（DOM 树），如图 11.3 所示。

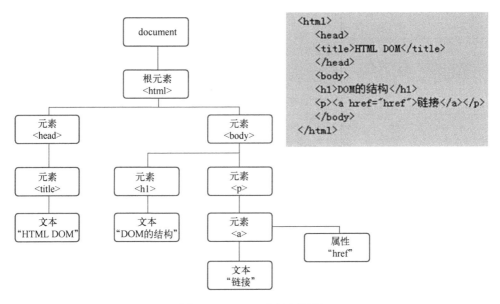

图 11.3　HTML 文档解析树

（3）HTML 常用标签

HTML 标签是 HTML 语言中最基本的单位，是 HTML 语言最重要的组成部分。

HTML 标签的特点如下：

1）HTML 标签是由尖括号包围的关键词，比如 < html >。

2）HTML 标签分双标签和单标签，标签中有属性，属性具有属性值。

3）HTML 双标签，比如 <b> 和 </b>为双标签，标签对中的第一个标签是开始标签，第二个标签是结束标签，开始和结束标签也被称为开放标签和闭合标签。

4）HTML 标签是大小写无关的，例如"<BODY>"与<body>表示的意思是一样的，推荐使用小写。

HTML 常用标签见表 11.1。

表 11.1　HTML 常用标签

标　签	描　述	标　签	描　述
<!--……-->	定义注释	<img>	定义图像
<!DOCTYPE>	定义文档类型	<li>	定义列表的项目
<a>	定义链接	<link>	定义外部资源
<b>	定义粗体字	<menu>	定义菜单列表
<body>	定义文档的主体	<meta>	定义文档的元信息
 	定义简单的折行	<p>	定义段落
<center>	定义居中文本	<script>	定义客户端脚本
<div>	定义文档中的节	<span>	定义文档中的节
<em>	定义强调文本	<strong>	定义强调文本
<font>	定义字体、尺寸和颜色	<style>	定义文档的样式信息
<form>	定义 HTML 表单	<table>	定义表格
<frame>	定义窗口或框架	<td>	定义表格中的单元
<h1> to <h6>	定义 HTML 标题，可以改变标题的大小	<title>	定义文档的标题
<head>	定义关于文档的信息	<tr>	定义表格中的行
<hr>	定义水平线	<u>	定义下画线文本
<html>	定义 HTML 文档	<ul>	定义无序列表
<i>	定义斜体字	<iframe>	定义内联框架

（4）HTML 元素

一个 HTML 元素包含了开始标签与结束标签，如下为一个 HTML 元素：

<p>这是一个段落。</p>

有时也把元素称为节点。HTML 元素以开始标签起始，结束标签终止，元素的内容是开始标签与结束标签之间的内容。某些 HTML 元素具有空内容（empty content），这种标签称为空元素，空元素在开始标签中进行关闭（以开始标签的结束而结束）。大多数 HTML 元素可拥有属性，可以嵌套。

（5）HTML 标签属性

属性是用来修饰标签的，放在开始标签里面，提供了有关 HTML 元素的更多的信息。比如在 a 标签，属性可以定义跳转的超链接，或者类名称。

```
<a href="http://www.w3school.com.cn">This is a link</a>
```

属性类似于描述人形容词，比如戴眼镜、帅气、体重 200 斤等。HTML 把属性分为 4 类，见表 11.2。

表 11.2　部分 HTML 标签属性

属性	值	描　　述
class	classname	规定元素的类名（classname）
id	id	规定元素的唯一 id
style	style_definition	规定元素的行内样式（inline style）
title	text	规定元素的额外信息（可在工具提示中显示）

11.2　XPath

11.2　XPath

1. 什么是 XPath

XPath 即为 DOM 解析树路径语言（XML Path Language），它是一种用来确定 HTML 文档中某部分位置的语言。

XPath 使用路径表达式来选取 HTML 文档中的节点或者节点集。这些路径表达式和在计算机文件系统中看到的表达式非常相似。路径表达式是从一个 HTML 节点（当前的上下文节点）到另一个节点或一组节点的书面步骤顺序。这些步骤以“/”字符分开，每一步有三个构成成分：

1）轴描述（用最直接的方式接近目标节点）。

2）节点测试（用于筛选节点位置和名称）。

3）节点描述（用于筛选节点的属性和子节点特征）。

假设有一个网页的解析树如图 11.4 所示。

那么获取小区名的 XPath 就是

```
/html/body/div[4]/div[1]/ul/li[1]/div[1]/div[1]
```

从这个例子可知，XPath 就是 HTML 代码解析树的一个个节点，其中数字是节点出现的序号。

用标签结合属性 XPath 可以达到同样的效果，如：

```
div[@class ="title"]
```

可以获取网页中属性 class 为 title 的所有节点，但有些非小区名称的数据也可能会被提取出来。

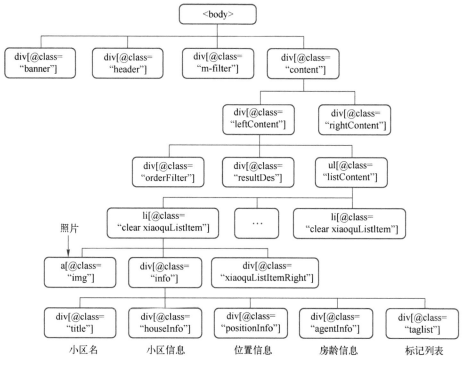

图 11.4　某网页解析树

2．XPath 语法

XPath 语法路径表达式见表 11.3。

表 11.3　XPath 语法路径表达式

表　达　式	描　　述
nodename	选取此节点的所有子节点
/	从根节点选取
//	从匹配选择的当前节点选择文档中的节点，而不考虑它们的位置
.	选取当前节点
..	选取当前节点的父节点
@	选取属性
*	匹配任何元素节点
@*	匹配任何属性节点
node()	匹配任何类型的节点

表 11.4 列出了一些路径表达式以及结果。

表 11.4 使用路径表达式

路径表达式	结　　果
bookstore	选取 bookstore 元素的所有子节点
/bookstore	选取根元素 bookstore 注：假如路径起始于正斜杠(/)，则此路径始终代表到某元素的绝对路径！
bookstore/book	选取属于 bookstore 的子元素的所有 book 元素
//book	选取所有 book 子元素，而不管它们在文档中的位置
bookstore//book	选择属于 bookstore 元素的后代的所有 book 元素，而不管它们位于 bookstore 之下的什么位置
//@lang	选取名为 lang 的所有属性
/bookstore/*	选取 bookstore 元素的所有子元素
//*	选取文档中的所有元素
//title[@*]	选取所有带有属性的 title 元素

表 11.5 列出了带有谓语的一些路径表达式以及表达式的结果。

表 11.5 使用谓词

路径表达式	结　　果
/bookstore/book[1]	选取属于 bookstore 子元素的第一个 book 元素
/bookstore/book[last()]	选取属于 bookstore 子元素的最后一个 book 元素
/bookstore/book[last()-1]	选取属于 bookstore 子元素的倒数第二个 book 元素
/bookstore/book[position()<3]	选取最前面的两个属于 bookstore 元素的子元素的 book 元素
//title[@lang]	选取所有拥有名为 lang 的属性的 title 元素
//title[@lang='eng']	选取所有 title 元素，且这些元素拥有值为 eng 的 lang 属性
/bookstore/book[price>35.00]	选取 bookstore 元素的所有 book 元素，且其中的 price 元素的值须大于 35.00
/bookstore/book[price>35.00]/title	选取 bookstore 元素中的 book 元素的所有 title 元素，且其中的 price 元素的值须大于 35.00

如表 11.6 所示，通过使用"|"，可以选取若干路径。

表 11.6 使用 "|"

路径表达式	结　　果
//book/title | //book/price	选取 book 元素的所有 title 和 price 元素
//title | //price	选取文档中的所有 title 和 price 元素
/bookstore/book/title | //price	选取属于 bookstore 元素中的 book 元素中的所有 title 元素，以及文档中所有的 price 元素

11.3 爬虫原理

1. 网络连接

网络连接像是在自助饮料售货机上购买饮料一样：购买者只需选择所需饮料，投入硬币（或纸币），自助饮料售货机就会弹出相应的商品。网络连接也正是如此，如图 11.5 所示，计算机（购买者）带着请求头和消息体（硬币和所需饮料）向服务器（自助饮料售货机）发起一次 Requests 请求（购买），相应的服务器（自助饮料售货机）会返回计算机相应的 HTML 文件作为 Response（相应的商品）。

图 11.5　网络连接过程

2. 爬虫流程

网络连接需要一次 Requests 请求和服务器端的 Response 回应。所以爬虫需要做两件事：

1）模拟计算机对服务器发起 Requests 请求。

2）接收服务器端的 Response 内容并解析提取所需信息。

但互联网网页错综复杂，一次请求和回应不能够批量获取网页的数据，这时就需要设计爬虫的流程，如图 11.6 所示。

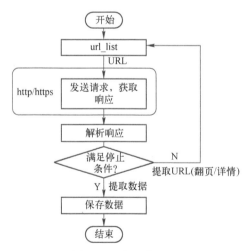

图 11.6　爬虫流程图

简单地讲就是，网页采集→网页解析→数据入库。

3. 爬虫网页分类

爬虫的网页分类如图 11.7 所示。

图 11.7 网页分类

11.4 爬虫编程

11.4.1 常用模块

1. Requests 模块

Requests 模块的作用就是请求网站获取网页数据，如：

```
import requests
res = requests.get('http://bj.xiaozhu.com/')
    print(res)        #如果返回200，说明请求网址成功，若为404,400则请求网址失败
print(res.text)
```

写成函数：

```
def getHtml(url):
    #异常处理
    try:
        res= requests.get(url)          #使用get函数打开指定的URL
        res.raise_for_status()          #如果状态不是200，则引发异常
        res.encoding = 'utf-8'          #更改编码方式
        return r.text                   #返回页面内容
    except:
        return "打开网页失败"            #发生异常，返回空字符
url='http://bj.xiaozhu.com/'
html=getHtml(url)
```

部分结果如图 11.8 所示。

```
<Response [200]>
<!doctype html>
<html lang="en">

<head>
  <meta http-equiv="Content-Type" content="text/html; charset=utf-8" />
  <meta http-equiv="X-UA-Compatible" content="IE=edge,chrome=1" />
  <meta name="viewport" content="width=device-width, initial-scale=1, maximum-scale=1">
  <meta name="renderer" content="webkit">
  <meta name="keywords" content="租房,短租房,小猪短租,短租公寓,酒店式公寓,青年旅舍,小猪" />
  <meta name="description"
    content="小猪是国内知名的短租民宿预订平台，更是一个具有人情味的社交住宿社区。截至2019年5月，小猪在全球共有超过80万间房源，分布在全球超过700座城市，房源包括特色民宿、精品客栈、城市公寓、轰趴别墅、海边小屋、花园洋房、森林木屋等，让您充分感受住宿之美、人情之暖、分享之乐。" />
>
  <link rel="shortcut icon" href="https://www.xiaozhu.com/favicon.ico?v=20190820" type="image/vnd.microsoft.icon">
  <!--取消缓存-->
  <meta http-equiv="Cache-Control" content="no-cache, no-store, must-revalidate" />
  <meta http-equiv="Pragma" content="no-cache" />
  <meta http-equiv="Expires" content="0" />
  <title>小猪民宿-住得更好，花得更少</title>
```

图 11.8　请求网页

Response 的属性如下:

1）response.status_code：HTTP 请求的返回状态，2XX 表示连接成功，3XX 表示跳转，4XX 表示客户端错误，500 表示服务器错误。

2）response.text：HTTP 响应内容的字符串（str）形式，请求 URL 对应的页面内容。

3）response.encoding= “utf-8” 或者 response.encoding= “gbk”：打印文本没有乱码。

4）response.content：HTTP 响应内容的二进制（bytes）形式。

5）response.headers：HTTP 响应内容的头部内容。

2．BeautifulSoup 模块

通过 BeautifulSoup 模块可以轻松地解析 Requests 模块请求的网页，并把网页源代码解析为 Soup 文档，以便过滤提取数据，如：

```
from bs4 import BeautifulSoup
soup = BeautifulSoup('<b class="boldest">数据在这里</b>')
tag = soup.b     #见表 11.7
print(tag.text)    #返回“数据在这里”，见表 11.7
```

BeautifulSoup 对象的常用属性见表 11.7。

表 11.7　BeautifulSoup 对象的常用属性

属　性	描　述
head	HTML 页面的<head>内容
title	HTML 页面标题，在<head>中，由<title>标记
body	HTML 页面的<body>内容
p	HTML 页面中第一个<p>内容
a	HTML 页面中第一个<a>内容
strings	HTML 页面所有呈现在 Web 上的字符串，即标签的内容
stripped_strings	HTML 页面所有呈现在 Web 上的非空格字符串

BeautifulSoup 对象的属性与 HTML 的标签名称相同，远不止表 11.7 中的这些，

更多内容请读者结合 HTML 语法进行理解。

Tag 对象有 4 个常用属性，见表 11.8。

表 11.8 Tag 对象的常用属性

属 性	描 述
name	字符串，标签的名字，如 head、title、p 等
attrs	字典，包含页面标签的所有属性（尖括号内的其他项），如 href
contents	列表，标签下所有子标签的内容
text	字符串，标签所包围的文字、网页中真实的文字（尖括号之间的内容）

注意：按照 HTML 语法，可以在标签中嵌套其他标签，因此，string 属性的返回值遵循如下原则：

1）如果标签内部没有其他标签，string 属性返回其中的内容。

2）如果标签内部还有其他标签，但只有一个标签，string 属性返回最里面标签的内容。

3）如果标签内部还有其他标签，且不止一个标签，string 属性返回 None。

BeautifulSoup 类还提供一个 find()方法，用于返回找到的第一个结果（字符串），find_all()方法用于返回找到的所有结果。

使用 BeautifulSoup 模块，需要了解网页结构，这给用户使用带来了不便。

3. lxml 模块

lxml 是以 Python 语言编写的库，主要用于解析和提取 HTML 或者 XML 格式的数据，它不仅功能非常丰富，而且便于使用，可以利用 XPath 语法快速地定位特定的元素或节点。

lxml 模块中大部分的功能都位于 lxml.etree 子模块中。

lxml 模块中 ElementPath 类：可以理解为 XPath，用于搜索和定位节点。提供了三个常用的方法，可以满足大部分搜索和查询需求，并且这三个方法的参数都是 XPath 语句，具体如下：

find()方法：返回匹配到的第一个子元素。

findall()方法：以列表的形式返回所有匹配的子元素。

iterfind()方法：返回一个所有匹配元素的迭代器。

这里使用一个 HTML 示例文件来介绍 lxml 库的基本应用。该文件名为 hello.html，内容如下：

```
<!-- hello.html --><div>
    <ul>
        <li class="item-0"><a href="link1.html">first item</a></li>
        <li class="item-1"><a href="link2.html">second item</a></li>
        <li class="item-inactive"><a href="link3.html"><span class=
"bold">third item</span></a></li>
```

```
            <li class="item-1"><a href="link4.html">fourth item</a></li>
            <li class="item-0"><a href="link5.html">fifth item</a></li>
    </ul></div>
```

代码分析如下：

```
from lxml import etree
html=etree.parse('hello.html')
result=html.xpath('//li')          #查找所有的 li 节点
print(result)                      #返回<li>标签的元素集合
print(len(result))                 #返回<li>标签的个数 5
print(type(result))                ##返回结果的类型
print(type(result[0]))             #打印第一个元素的类型
result=html.xpath('//li/@class')   #查找位于 li 标签的 class 属性
print(result) #返回['item-0','item-1','item-inactive','item-1','item-0']
#获取倒数第二个元素的内容
result=html.xpath('//li[last()-1]/a')
print(result[0].text)              #返回 fourth item
```

注意：lxml 中 etree.HTML 接收服务器上返回的 HTML 数据，etree.parse 直接接收一个本地 HTML 文档。

11.4.2　Python 爬虫入门实例

1. 常用方法之 get 方法实例

```
import requests                    #先导入爬虫的库，否则调用不了爬虫的函数
response = requests.get("http:    //httpbin.org/get")  #get 方法
print(response.status_code)   #状态码
print(response.text)
```

2. 常用方法之 get 方法多个参数传参实例

import requests #先导入爬虫的库，否则调用不了爬虫的函数

```
data = {
  "name":"hezhi",
  "age":20
}
response  =  requests.get("http://httpbin.org/get"  ,  params=data)
#get 传参
print(response.status_code) #状态码
print(response.text)
```

3. 常用方法之 post 方法实例

```
import requests                    #先导入爬虫的库, 否则调用不了爬虫的函数
response = requests.post("http: //httpbin.org/post")     #post 方法访问
print(response.status_code)              #状态码
print(response.text)
```

4. put 方法实例

```
import requests                    #先导入爬虫的库, 否则调用不了爬虫的函数
response = requests.put("http://httpbin.org/put")   #put 方法访问
print(response.status_code)              #状态码
print(response.text)
```

5. 常用方法之 post 方法传参实例

```
import requests                    #先导入爬虫的库, 否则调用不了爬虫的函数
data = {
  "name":"hezhi",
  "age":20
}
response = requests.post("http://httpbin.org/post" , params=data)
#post 传参
print(response.status_code)     #状态码
print(response.text)
```

6. 关于绕过反爬机制

```
import requests          #先导入爬虫的库, 否则调用不了爬虫的函数
response = requests.get("http://www.zhihu.com")   #第一次访问知乎, 不设
置头部信息
print("第一次,不设头部信息,状态码:"+response.status_code)#没写 headers, 不
能正常爬取, 状态码不是 200
#下面是可以正常爬取的区别, 更改了 User-Agent 字段
headers = {
    "User-Agent":"Mozilla/5.0(Windows  NT  10.0;  Win64;  x64)
AppleWebKit/537.36 (KHTML, like Gecko) Chrome/80.0.3987.122 Safari/537.36"
  }#设置头部信息, 伪装浏览器
response = requests.get("http://www.zhihu.com" , headers=headers)
#get 方法访问, 传入 headers 参数
print(response.status_code) #200! 访问成功的状态码
print(response.text)
```

7. 爬取信息并保存到本地

因为目录关系, 在 D 盘建立了一个叫作爬虫的文件夹, 然后保存信息, 注意文件

保存时的 encoding 设置。

```
#爬取一个 html 并保存
import requests
url = "http://www.baidu.com"
response = requests.get(url)
response.encoding = "utf-8" #设置接收编码格式
print("\nr 的类型" + str(type(response)))
print("\n 状态码是:" + str(response.status_code))
print("\n 头部信息:" + str(response.headers))
print("\n 响应内容:")
print(response.text)
#保存文件
file = open("D:\\爬虫\\baidu.html","w",encoding="utf")   #打开一个文
件,w 是文件不存在则新建一个文件, 这里不用 wb 是因为不用保存成二进制
file.write(response.text)
file.close()
```

8. 爬取图片, 保存到本地

```
import requests #先导入爬虫的库, 否则调用不了爬虫的函数
response = requests.get("https://www.baidu.com/img/baidu_jgylogo3.gif")
#get 方法得到图片响应
file = open("D:\\爬虫\\baidu_logo.gif","wb") #打开一个文件,wb 表示以二
进制格式打开一个文件只用于写入
file.write(response.content) #写入文件
file.close()     #关闭操作, 运行完毕后可查看目录中是否保存成功
```

11.4.3 利用 XPath 爬取网站信息

【**案例 11.1**】 爬取某图书网站图书信息, 如书名、作者、出版社、价格、推荐度、出版日期等。

【**问题分析**】

11.4 爬取某图书网站图书信息

打开 http://bang.dangdang.com/books/bestsellers/01.00.00.00.00.00-recent7-0-0-1-1, 显示如图 11.9 页面。

右击网页空白处 (或使用快捷键〈Fn+F12〉) 弹出菜单如图 11.9 所示, 单击 "检查" 得到图 11.10。在搜索框输入 "Python", 并发现该请求是用 get 方法请求的。get 请求获取网页比 post 容易, 不需要 UA 和 header 参数, 并通过 etree.HTML (resp.text) 获得 HTML 解析树。依据解析树得到爬取信息的 XPath。

XPath 获取如图 11.11 所示。比如要获取书名 "Python" 的 XPath, 第 2 步单击右上角箭头很关键, 这一步起到定位作用; 当第 3 步选中书名 "Python" 时, 右侧相应的节点就变成深色, 在深色任意位置右击弹出菜单, 单击 "Copy XPath" 就获得相应信息的 XPath。

有了 **XPath** 就很容易爬取相应的信息了。

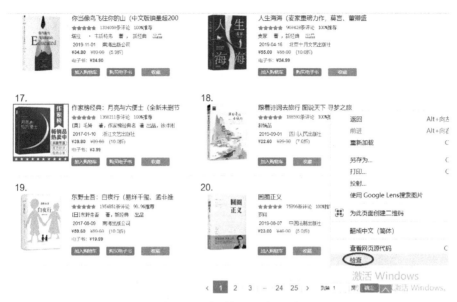

图 11.9　某图书网图书网页

图 11.10　获取请求方法

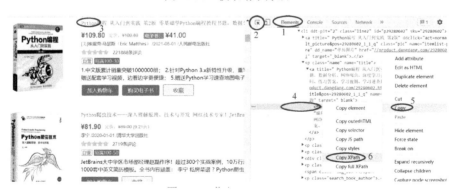

图 11.11　获取 XPath

【参考代码】

```
import requests
from lxml import etree
from itertools import chain
import json #利用接口读取访问 JSON 文件
import time
'''
xpath 爬取某图书网图书畅销榜
'''
def main():
d = {}
for i in range(1,3):
    resp = requests.get('http://bang.dangdang.com/books/bestsellers/
01.00.00.00.00.00-recent7-0-0-1-'+str(i))
    res= etree.HTML(resp.text)
    title = res.xpath('//div[@class="name"]/a/text()') #书名
    author = res.xpath('//div[@class="publisher_info"]/
a[@title]/text()')
    price=res.xpath('///div[@class="price"]/p/span[@class="price_n"]/text
()')
    publisher = res.xpath('//div[@class="publisher_info"]/a[@href]/
text()')
    star = res.xpath('//div[@class="star"]/span[@class="tuijian"]/
text()')
    date = res.xpath('//div[@class="publisher_info"]/span/text()')
    d.setdefault('_title',[]).append(title) #格式化字典
    d.setdefault('_author',[]).append(author)
    d.setdefault('_price',[]).append(price)
    d.setdefault('_star',[]).append(star)
    d.setdefault('_date',[]).append(date)
    print('第%s 页爬取完成！' % i)
    time.sleep(1)
print(d)
if __name__ == '__main__':
        main()
```

【运行结果】

运行结果如图 11.12 所示。

第1页爬取完成！
第2页爬取完成！
{'_title': [['活着（余华代表作，精装，易烊千玺推荐阅读）', '苏东坡传（林语堂纪念典藏精装版）', '生死疲劳（不看不知道，莫言真幽默！全新版本！印server版和普通版随', '三体，全三册 刘慈欣代表作，亚洲"雨果奖"获奖作品！', '蛤蟆先生去看心理医生（年销200万册！英国经典心理咨询入门书，知', '平凡的世界：全三册（全新2021版，茅盾文学奖获奖作品，激励青年', '神奇校车·桥梁书版（全20册）', '画给孩子的中国历史：精装彩绘本（地图里的上下五千年，孩子拿起', '被讨厌的勇气："自我启发之父"阿德勒的哲学课 岸见一郎', '杀死一只知更鸟（豆瓣9.2，关于勇气与正义的成长教科书，影响全球', '法治的细节（罗翔新作，法律随笔，评热点、论法理、聊读书、谈爱', '少年读史记（套装全5册）', '树后：赵丽宏全新力作（2021年度中国好书获奖图书）', '了不起的我：自我发展的心理学（陈海贤重磅新作，得到付费用户亲', '你当像鸟飞往你的山（中文版销量超200万册，比尔·盖茨年度特别推', '人生海海（麦家重磅力作，莫言、董卿盛赞，连续两年高居畅销榜，', '作家榜经典：月亮与六便士（全新未删节插图珍藏版！毛姆写给年轻', '跟着诗词去旅行 图说天下 寻梦之旅', '东野圭吾：白夜行（易烊千玺、孟非推荐，东野圭吾作品无愧之王）', '圆圈正义】', '乌合之众：大众心理研究（群体心理学创始人古斯塔夫·勒庞代表作', '东野圭吾：解忧杂货店（胡歌、王俊凯、刘昊然倾情推荐，简体中文', '在峡江的转弯处：陈行甲人生笔记（南方周末、万圣书园2021十大好', '面纱（毛姆关于女性精神觉醒的经典作品，三次改编成电影，2018全', '爱，需要学习（为中国亲密关系身定制的实践指南，心理学者陈', '次第花开 修订版', '小王子（罗翔老师推荐阅读版，李继宏口碑译作，作者基金会官方认证', '刻意练习：如何从新手到大师', '马尔克斯：百年孤独（50周年纪念版）', '置身事内：中国政府与经济发展（罗永浩、罗振宇、何帆、刘格菘、', '云边有个小卖部（陆定昊诚挚推荐，随书附赠云边镇四季明信片和张', '如何说孩子才会听 怎么听孩子才肯说（全新修订版，涂磊推荐）', '底层逻辑：看清这个世界的底牌', '东野圭吾：透明的螺旋（东野圭吾新书，《嫌疑人X的献身》系列新作', '文城（余华新书，时隔8年重磅归来，《活着》之后又一精彩力作）', '消失的13级台阶（罗翔推荐！荣获日本推理小说至高荣誉江户川乱步', '神奇校车·图画书版（全12册，新增科学博览会1册）', '遥远的救世主（天道原著王志文主演电视剧畅销遥远的救世主者豆', '孩子读得懂的山海经（共3册）神话+神兽+异人国', '波西和皮普7册经典套装（小小聪明豆系列绘本）0-3岁低幼启蒙情绪']], '_author': [['余华', '新经典', '林语堂',

图 11.12 案例 11.1 运行结果

【程序说明】

1）代码用到了因果技巧，原本书名的 **XPath** 是"/html/body/div[3]/div[3]/div[2]/ul/li[1]/div[3]"，这里 li[1]表示当前页面第几本书。为了获取当前页面所有书名，需要一个 20 次的内循环。本案例代码用" //div[@class="name"]/a/text()"取代了" /html/body/div[3] /div[3]/div[2]/ul/li[1]/div[3]"，使代码大大简化，且容易理解。

2）time.sleep（1）的作用是爬完一页，暂停 1s，读者可以试下，去掉这个语句的效果。

3）如果想把爬取结果保存到文件 book.txt，如何修改代码？

11.5 JSON 格式与 CSV 格式相互转换

11.4.4 JSON 格式与 CSV 格式相互转换

爬取的 JSON 格式文件 jsonfile.json 经常需要转化为 CSV 格式文件 csvfile.csv。

1. JSON 格式转 CSV 格式

```
import json
import pandas as pd
with open(datafile, 'r', encoding='UTF-8') as file_in:
    A=json.load(file_in)   #json.load用于从JSON文件中读取数据
    B=(A[:len(china_data)])
    B=pd.DataFrame(B)
    B.to_csv("dead.csv")
```

2. CSV 格式转 JSON 格式

```
import json
fo=open("C:\\RenL\\entry.csv","r")      #打开CSV文件
ls=[]
for line in fo:
    line=line.replace("\n","")          #将换行换成空
    ls.append(line.split(","))          #以，为分隔符
fo.close()                              #关闭文件流
```

```
fw=open("C:\\RenL\\entry.json","w",encoding="utf8")    #打开 JSON 文件
for i in range(1,len(ls)):                  #遍历文件的每一行内容，除了列名
    ls[i]=dict(zip(ls[0],ls[i]))    #ls[0]为列名，所以 key,ls[i]为 value,
        #zip()是一个内置函数，将两个长度相同的列表组合成一个关系对
json.dump(ls[1:],fw,sort_keys=True,indent=4,ensure_ascii=False)
#将 Python 数据类型转换成 JSON 格式，编码过程默认是顺序存放
#sort_keys 是对字典元素按照 key 进行排序
#indet 参数用于增加数据缩进，使文件更具有可读性
fw.close()
```

11.5 本章小结

1）对于定向信息的爬取，网络爬虫主要采取数据抓取、数据解析和数据入库等几个步骤。

2）requests 模块、beautifulsoup4 模块、lxml 模块都是第三方库，使用前需先进行安装。

3）requests 模块中使用 requests.get()函数获取网页信息。

4）beautifulsoup4 模块用于解析和处理 HTML 和 XML 文件，其最大的优点是，能够根据 HTML 和 XML 语法建立解析树，进而提高解析效率。

5）BeautifulSoup 对象的 find_all()方法会遍历整个 HTML 文件，按照条件返回标签内容（列表类型）。

6）XPath 使用路径表达式来选取 HTML 文档中的节点或者节点集。

7）lxml 可以利用 XPath 语法快速地定位特定的元素或节点。

习题 11

一、选择题

1. 下列不属于网络爬虫基本操作流程的是（　　　）。

    A．网页采集　　　　B．数据入库　　　　C．数据删除　　　　D．网页解析

2. 下列不属于 Response 对象属性的是（　　　）。

    A．text　　　　　　B．content　　　　　C．encoding　　　　D．txt

3. 下列不属于 HTML 标签的是（　　　）。

    A．class　　　　　B．a　　　　　　　C．title　　　　　D．head

4. HTML 头部元素标签是（　　　）。

    A．html　　　　　B．body　　　　　C．title　　　　　D．head

5．以下哪些是爬虫技术可能存在风险（　　　）。

    A．大量占用爬取网站的资源　　　　　B．网站敏感信息的获取造成的不良后果

    C．违背网站爬取设置　　　　　　　　D．以上都是

6．下面表示一个文本类型的标签是（　　　）。

    A．<head>　　　　B．<html>　　　　C．<meta>　　　　D．<title>

7．Tag 有很多方法和属性下列哪个属性不是 Tag 中重要的属性（　　　）。

    A．name　　　　　B．attributes　　　　C．string　　　　D．type

8．网页是由 HTML 代码组成的，以下选项中哪一项是 HTML 代码（　　　）。

    A．int a = 3　　　　　　　　　　　　B．import pages

    C．<div id = 'html'>　　　　　　　　D．hello,world

9．在 Python 中将字典转化为 JSON，以下选项正确的是（　　　）。

    A．json.load()　　　B．json.loads()　　　C．json.dump()　　　D．json.dumps()

10．以下选项中合法的是（　　　）。

    A．爬取百度的搜索结果　　　　　　　B．爬取淘宝的商品数据

    C．出售同学的个人信息　　　　　　　D．为高利贷提供技术服务

二、填空题

1．Requests 库中使用（　　　）获取网页信息。

2．BeautifulSoup 对象的（　　　）会遍历整个 HTML 文件，按照条件返回标签内容（列表类型）。

3．（　　　）是一个按照一定规则，自动抓取互联网信息的脚本程序。

4．超文本标记语言的英文缩写是（　　　）。

5．（　　　）是从一个 HTML 节点（当前的上下文节点）到另一个节点或一组节点的书面步骤顺序。

6．爬虫流程中的网络连接需要一次（　　　）和服务器端的 Response 回应。

7．（　　　）的作用就是请求网站获取网页数据。

8．通过（　　　）可以轻松地解析 Requests 模块请求的网页，并把网页源代码解析为 Soup 文档，以便过滤提取数据。

9．（　　　）是以 Python 语言编写的库，主要用于解析和提取 HTML 或者 XML 格式的数据。

10．（　　　）用于解析和处理 HTML 和 XML 文件，其最大的优点是，能够根据HTML 和 XML 语法建立解析树，进而提高解析效率。

三、判断题

1．爬虫的工作过程就是访问网站—返回网站内容—从内容中获取需要的信息。（　　　）

2．HTML 运行在浏览器上，由服务器来解析。（　　　）

3．HTML 语言为编译型语言。（　　　）

4．< p></ p>是 HTML 的标记。（　　　）

5．XPath 即为 DOM 解析树路径语言（XML Path Language），它是一种用来确定 HTML 文档中某部分位置的语言。（　　　）

四、编程题

1．爬取"http://www.wenjingketang.com/book"网站内容，解析数据，将该网站上的".gif"图片下载到本地。

2．爬取百度搜索"Python 程序设计教程"的结果，并将搜索结果保存到"百度.txt"文件中。

3．目标网站 https://www.sogou.com/，要求：

1）用户输入要搜索的内容、起始页和终止页。

2）根据用户输入的内容爬取相关页面的源码。

3）把获取的数据保存到本地。

五、简答题

画出以下代码段解析树。

```
<!DOCTYPE html>
<html>
    <head>
        <meta charset="utf-8">
        <title>菜鸟教程(runoob.com)</title>
    </head>
    <body>
        <h1>我的第一个标题</h1>
```

第12章 可 视 化

数据可视化既是一门技术，又是一门艺术。优秀的数据可视化作品可以高效、精准地传达信息。但是，这并不意味着，为了看上去绚丽多彩而显得极端复杂。Python 在数据可视化方面有很多独特的展示。

12.1 一图胜千言

视觉是人类获得信息的最主要途径。视觉感知是人类大脑的最主要功能之一，超过50%的人脑功能用于视觉信息的处理。

数据可视化处理可以洞察统计分析无法发现的结构和细节。Anscombe 的四组数据（Anscombe's Quartet）见表 12.1。假如要分析表 12.1 四组 x，y 之间的不同，如果不用图形则很难辨别，图 12.1 为表 12.1 的可视化结果，从图 12.1 可以很轻松看出它们之间的不同。

表 12.1 Anscombe 的四组数据

I		II		III		IV	
x_1	y_1	x_2	y_2	x_3	y_3	x_4	y_4
10.0	8.04	10.0	9.14	10.0	7.46	8.0	6.58
8.0	6.95	8.0	8.14	8.0	6.77	8.0	5.76
13.0	7.58	13.0	8.74	13.0	12.74	8.0	7.71
9.0	8.81	9.0	8.77	9.0	7.11	8.0	8.84
11.0	8.33	11.0	9.26	11.0	7.81	8.0	8.47
14.0	9.96	14.0	8.10	14.0	8.84	8.0	7.04
6.0	7.24	6.0	6.13	6.0	6.08	8.0	5.25
4.0	4.26	4.0	3.10	4.0	5.39	19.0	12.50
12.0	10.84	12.0	9.13	12.0	8.15	8.0	5.56
7.0	4.82	7.0	7.26	7.0	6.42	8.0	7.91
5.0	5.68	5.0	4.74	5.0	5.73	8.0	6.89

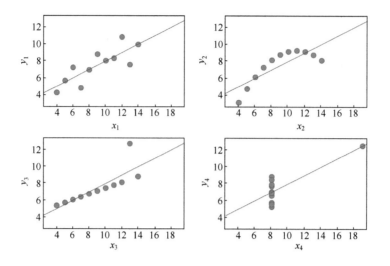

图 12.1　表 12.1 的可视化结果

12.1　可视化图
表及作用

12.2　可视化图表作用

1. 图表使用建议

图表种类繁多，什么情况下用什么图表示数据，图 12.2 给出了一些建议。

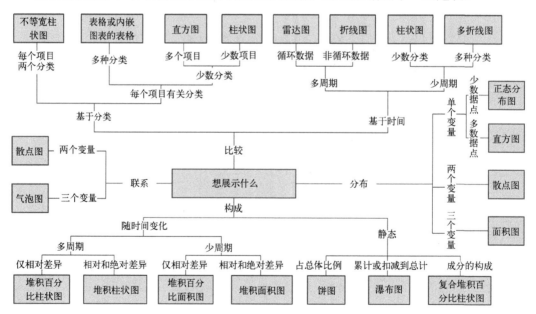

图 12.2　数据可视化图表选择建议

2. 数据可视化主要应用场景

1）企业领域：利用直观多样的图表展示数据，从而为企业决策提供支持。

2）股票走势预测：通过对股票涨跌数据的分析，给股民提供更合理化的建议。

3）商超产品销售：对客户群体和所购买产品进行数据分析，促使商超制定更好的销售策略。

4）预测销量：对产品销量的影响因素进行分析，可以预测出产品的销量走势。

12.3 Matplotlib 模块

Matplotlib 是 Python 中最受欢迎的数据可视化模块之一，支持跨平台运行，它是 Python 常用的 2D 绘图库，同时也提供了一部分 3D 绘图接口。Matplotlib 通常与 Numpy、Pandas 一起使用，是数据分析中不可或缺的重要工具之一。

12.2 Matplotlib 模块

12.3.1 面板设置

Matplotlib 中的所有图像都位于 figure 对象中，一个图像只能有一个 figure 对象。在 figure 对象下可创建一个或多个 subplot 对象（子图）用于绘制图像，如图 12.3 所示。

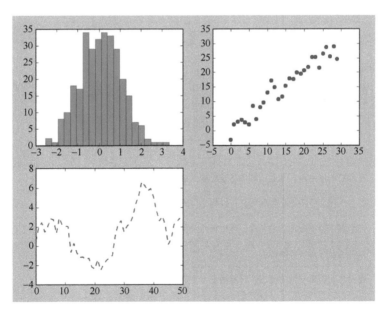

图 12.3 绘图面板设置

1. 绘图基本流程

绘图基本流程如图 12.4 所示。

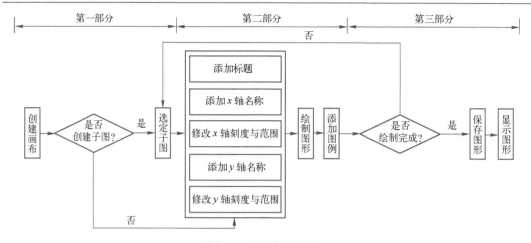

图 12.4　绘图基本流程

（1）创建画布与创建子图

创建画布与创建子图的主要作用是构建出一张空白的画布，并可以选择是否将整个画布划分为多个部分，便于在同一幅图上绘制多个图形的情况（见表 12.2）。

表 12.2　创建画布与创建子图

函数名称	函数作用
plt.figure	创建一个空白画布，可以指定画布大小、像素
figure.add_subplot	创建并选中子图，可以指定子图的行数、列数与选中图片编号

（2）添加画布内容

添加画布内容是绘图的主体部分。如添加标题、坐标轴名称、绘制图形等（见表 12.3）

表 12.3　添加画布内容

函数名称	函数作用
plt.title	在当前图形中添加标题，可以指定标题的名称、位置、颜色、字体大小等参数
plt.xlabel	在当前图形中添加 x 轴名称，可以指定位置、颜色、字体大小等参数
plt.ylabel	在当前图形中添加 y 轴名称，可以指定位置、颜色、字体大小等参数
plt.xlim	指定当前图形 x 轴的范围，只能确定一个数值区间，不能使用字符串标识
plt.ylim	指定当前图形 y 轴的范围，只能确定一个数值区间，不能使用字符串标识
plt.xticks	指定 x 轴刻度的数目与取值
plt.yticks	指定 y 轴刻度的数目与取值
plt.legend	指定当前图形的图例，可以指定图例的大小、位置、标签

（3）保存与展示图形（见表 12.4）

表 12.4　保存与展示图形

函数名称	函数作用
plt.savafig	保存绘制的图形，可以指定图形的分辨率、边缘的颜色等参数
plt.show	在本机显示图形

（4）设置 pyplot 的动态 rc 参数

由于默认的 pyplot 字体并不支持中文字符的显示，因此需要通过设置 font.sans-serif 参数改变绘图时的字体，使得图形可以正常显示中文。同时，由于更改字体后，会导致坐标轴中的部分字符无法显示，因此需要同时更改 axes.unicode_minus 参数。

1）plt.rcParams['font.sans-serif'] = 'SimHei' #设置中文显示。

2）plt.rcParams['axes.unicode_minus'] = False。

3）除了设置线条和字体的 rc 参数外，还有设置文本、箱线图、坐标轴、刻度、图例、标记、图片以及图像保存等 rc 参数。具体参数与取值可以参考官方文档。

2．与线条有关的参数

（1）线条风格属性设置（见表 12.5）

表 12.5　线条风格属性

线条风格 linestyle 或 ls	描　述	线条风格 linestyle 或 ls	描　述
'-'	实线	'None'	什么都不画
':'	虚线	'-.'	点画线
'--'	破折线		

（2）线条标记属性设置（见表 12.6）

表 12.6　线条标记属性

maker	描　述	maker	描　述
'o'	圆圈	'8'	八边形
'.'	点	'<'	一角朝左的三角形
'D'	菱形	'p'	五边形
's'	正方形	'>'	一角朝右的三角形
'h'	六边形 1	','	像素
'*'	星号	'^'	一角朝上的三角形
'H'	六边形 2	'+'	加号
'd'	小菱形	'|'	竖线
'_'	水平线	'None'	无
'v'	一角朝下的三角形	'x'	X

（3）线条颜色属性设置（见表 12.7）

表 12.7　线条颜色属性

别　　名	颜　　色	别　　名	颜　　色
b	蓝色	c	青色
g	绿色	k	黑色
r	红色	m	洋红色
y	黄色	w	白色

如果颜色不够用，可以通过使用 HTML 十六进制字符串 color='#123456'，使用合法的 HTML 颜色名字（'red', 'chartreuse'等）。

（4）背景颜色设置

通过向如 matplotlib.pyplot.axes()或者 matplotlib.pyplot.subplot()这样的方法提供一个 axisbg 参数，可以指定坐标轴的背景色。

```
subplot(111,axisbg=(0.1843,0.3098,0.3098))
```

3．可视化依赖模块

```
import pandas as pd
import numpy as np
import matplotlib.pyplot as plt
from matplotlib.ticker import MultipleLocator
```

12.3.2　小初高在校人数柱状图对比

12.3　小初高在校人数柱状图

1．原理

柱状图是以宽度相等的柱形高度的差异来显示统计指标数值大小的一种图形，常用于显示各项之间的比较情况。在柱状图中，通常沿横轴组织类别，沿纵轴组织数值。常见的柱状图包括堆积柱状图、簇状柱状图和百分比堆积柱状图；堆积柱状图用于显示单个项目与整体之间的关系；簇状柱状图用于比较各个类别的值；百分比堆积柱状图用于比较各个类别数占总类别数的百分比大小。

2．语法

绘制柱状图语句语法如下：

```
plt.bar(x,y,width=,color=,label=)
```

x： 左偏移量，关于左偏移量，不用关心每根柱是否位于中心，因为只要把刻度线设置在柱的中间就可以了。

y： 柱高。

width： 柱宽。

color： 颜色。

label： 图例名称。

3．快速体验

【案例 12.1】小初高在校人数柱状图对比。

【问题分析】

数据保存在教育人口普查.csv 中，数据见表 12.8。

表 12.8　教育人口普查数据

城　　市	小　学	初　　中	高　　中	人数/万
北京市	937	336	321	2189.3
重庆市	2754	868	264	3208.9
武汉市	611	290	94	1244.8
深圳市	347	435	114	1756
南京市	384	205	54	932
广州市	1097	430	145	1867.7
成都市	623	400	136	2093.8
上海市	684	588	262	2488.2

用柱状图分析各个城市小学、初中、高中在校人数。

【参考代码】

```
school_num =pd.read_csv('教育人口普查.csv',encoding='gbk')
x = np.arange(8)              #产生8组柱图
bar_width = 0.3
tick_label = school_num['城市']
plt.figure(figsize=(13,7))     #设置图形尺寸
#柱状图
plt.bar(x,school_num['小学'],bar_width,align="center", color="#2bb179",
label="小学", alpha=0.5)
   plt.bar(x+bar_width, school_num['初中'], bar_width, color="b",
align="center", label="初中", alpha=0.5)
   plt.bar(x+bar_width*2, school_num['高中'], bar_width, color="orange",
align="center", label="高中", alpha=0.5)
   text_x=[x,x+bar_width,x+bar_width*2]
   text_x=[text_x[i][j] for i in range(3) for j in range(8)]
   text_y=[school_num['小学'],school_num['初中'],school_num['高中']]
   text_y=[text_y[i][j] for i in range(3) for j in range(8)]
plt.xticks(x+bar_width, tick_label,fontsize=18)
plt.yticks(fontsize=18)
plt.xlabel("城市",fontsize=20)
plt.ylabel("学校数量",fontsize=20)
plt.legend(fontsize=16)
```

```
plt.grid()

#柱型加数字
for x,y,text in zip(text_x,text_y,text_y):
    plt.text(x-0.12,y+15,str(text),fontsize=12)
plt.show()
```

【运行结果】

运行结果如图 12.5 所示。

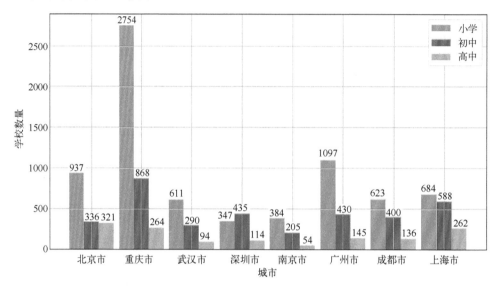

图 12.5　案例 12.1 运行结果

【程序说明】

1）代码倒数第 3 行：zip(text_x,text_y,text_y)使用了序列解包技巧。序列解包是一个非常重要和常用的功能，使用序列解包可以用非常简洁的方法完成复杂的功能，增强代码的可读性，减少代码量。

2）plt.text(x,y,text,fontsize=)绘制数字标签，其中(x,y)为坐标，text 表示标签字符串，fontsize 表示标签字体大小。

3）text_x 是长度为 8 的列表，列表每个元素[i,x]表示第 i 组柱的 x 坐标。

4）[text_x[i][j]　for i in range(3) for j in range(8)]使用嵌套循环列表推导式产生每组三根柱的 x 坐标，共 24 个坐标。

12.3.3　泰坦尼克号乘客年龄分布直方图

1．原理

直方图用于描述单一数值变量分布特征。人为分出组区域，在每组统计数目或者频率。

12.4　泰坦尼克号乘客年龄分布直方图

直方图与柱状图有本质区别，直方图是用面积表示各组频数的多少，矩形的高度表示每一组的频数或频率，宽度则表示各组的组距，因此其高度与宽度均有意义。由于分组数据具有连续性，直方图的各矩形通常是连续排列，而柱状图则是分开排列。柱状图主要用于展示分类数据，而直方图则主要用于展示数据型数据。

2．语法

1）`plt.subplots(nrows=, ncols=,figsize=)`：返回一个包含 figure 和 axes 对象的元组。因此，使用 fig,ax = plt.subplots()将元组分解为 fig 和 ax 两个变量。

① ax.flatten()把子图展开赋值给 axes,axes[0]便是第一个子图，axes[1]是第二个……

② figsize 设置图形尺寸，二元元组如 figsize=(9,6)，图形尺寸长为 9，宽为 6。

2）`plt.hist(x,bins=,histtype=,facecolor=,alpha=,cumulative=,rwidth)`

x：array 类型，箱体高度数据。

bins：数值类型，箱体个数。

histtype：字符串类型，直方图类型包括'bar'。

facecolor：字符串类型，前景颜色。

alpha：0～1 之间浮点型，透明度。

cumulative：逻辑值，是否计算累加分布。

rwidth：箱体宽度。

3．快速体验

【案例 12.2】 泰坦尼克号乘客年龄分布直方图。

【问题分析】

数据保存在 titanic_data.csv 中，数据片段见表 12.9。

表 12.9 titanic_data.csv 数据片段

PassengerId	Survived	Pclass	Name	Sex	Age	SibSp	Parch	Ticket	Fare	Cabin	Embarked
1	0	3	Braund, Mr. Owen arris	male	22	1	0	A/5 21171	7.25	—	S
2	1	1	Cumings, Mrs. John B	female	38	1	0	PC 17599	71.283	C85	C
3	1	3	Heikkinen, Miss. Laina	female	26	0	0	STON/O2	7.925	—	S
4	1	1	Futrelle, Mrs. Jacques	female	35	1	0	113803	53.1	C123	S
5	0	3	Allen, Mr. William	male	35	0	0	373450	8.05	—	S

（1）数据集每列的 label 含义

PassengerId→乘客的 ID；Survived→是否存活；Pclass→船舱等级；Name→乘客姓名；Sex→乘客性别；Age→乘客年龄；SibSp→有无兄弟姐妹；Parch→有无父母子女；Ticket→登船票号；Fare→票价；Cabin→船舱类型；Embarked→所到达的港口。

（2）利用直方图分析年龄的分布

【参考代码】

```
import matplotlib.pyplot as plt
```

```
import pandas as pd
plt.figure(figsize=(20,8),dpi=80) #创建图形
titanic = pd.read_csv('titanic_data.csv',encoding='gbk') #准备数据
#绘图：乘客年龄的频数直方图
plt.hist(titanic.Age, #绘图数据
 bins = 20, #指定直方图的条形数为 20 个
 color = 'steelblue', #指定填充色
 edgecolor = 'k', #设置直方图边界颜色
 )
plt.xticks(fontsize=15) #刻度字体大小设置
plt.yticks(fontsize=15)
#添加描述信息
plt.xlabel('年龄：岁',fontsize=20)
plt.ylabel('人数：个',fontsize=20)
plt.title('乘客年龄分布',fontsize=20)
plt.show()
```

【运行结果】

运行结果如图 12.6 所示。

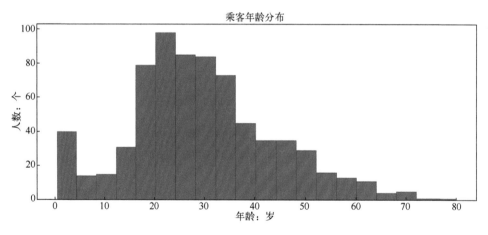

图 12.6　直方图

【程序说明】

1）对绘图语句使用无效赋值：_=……，防止显示无关的信息。

2）绘制直方图的关键参数是 bins。

3）若要绘制男女乘客年龄分布直方图（二维数据），代码如下，请自行分析。

```
plt.figure(figsize=(20,8),dpi=80)                    #创建图形
age_female = titanic.Age[titanic.Sex == 'female']    #提取不同性别的年
                                                      龄数据
age_male = titanic.Age[titanic.Sex == 'male']
bins = np.arange(titanic.Age.min(), titanic.Age.max(), 2) #设置直方
```

图的组距

```
#男性乘客年龄直方图
plt.hist(age_male, bins = bins, label = '男性',edgecolor = 'k',
color = 'steelblue', alpha = 0.7)
#女性乘客年龄直方图
plt.hist(age_female, bins = bins, label = '女性',edgecolor = 'k',
alpha = 0.6,color='r')
plt.xticks(fontsize=15)
plt.yticks(fontsize=15)
#设置坐标轴标签和标题
plt.title('男女乘客年龄直方图',fontsize=20)
plt.xlabel('年龄',fontsize=20)
plt.ylabel('人数',fontsize=20)
plt.tick_params(top='off', right='off')    #去除图形顶部边界和右边界的刻度
plt.legend(loc='best',fontsize=20)         #显示图例

plt.show()
```

12.3.4 票房与票价相关散点图

1. 原理

12.5 票房与票价相关散点图

散点图也叫 **X-Y** 图，它将两个连续数据字段的所有数据以点的形式展现在直角坐标系中，以显示变量之间的相互影响程度，点的位置由变量的数值决定。

通过观察散点图上数据点的分布情况，可以推断出变量间的相关性。如果变量之间不存在相互关系，那么在散点图上就会表现为随机分布的离散点；如果存在某种相关性，那么大部分的数据点就会相对密集并以某种趋势呈现。数据的相关关系，依据相关系数 r 的取值分类如图 12.7 所示。

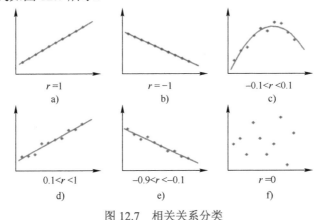

图 12.7 相关关系分类

a) 完全正线性相关 b) 完全负线性相关 c) 非线性相关 d) 正线性相关 e) 负线性相关 f) 不相关

对于那些变量之间存在密切关系，但是这些关系又不像数学公式和物理公式那样能够精确表达的，散点图是一种很好的图形工具。但是在分析过程中需要注意，这两个变量之间的相关性并不等同于确定的因果关系，也可能需要考虑其他的影响因素。

多个维度信息以面积、形状、颜色等形式展示于图中。

2. 语法

```
plt.scatter(x, y, s=None, c=None, marker=None, cmap=None, vmin=None,
vmax= None, alpha=None, linewidths=None, edgecolors=None, plotnonfinite=False)
```

x，y：指定数据散点的坐标。

s：数值型，指定散点的大小。

c：数组或类数组型，指定散点的颜色。

marker：限定字符串，指定散点的标记类型（默认为'0'）。

cmap：指定所选用的 colormap。

vmin、vmax：指定归一化边界。

alpha：浮点型，指定散点的透明度。

linewidths：整数型，指定散点边缘的线宽；如果 marker 为 None，则使用 verts 的值构建散点标记。

edgecolors：数组或类数组型，指定散点边缘颜色，会循环显示。

plotnonfinite：布尔型，结合 set_bad 使用，指定是否是非限定式画点。

返回值：关联的 PathCollection 实例。

3. 快速体验

【案例 12.3】 票房与票价相关散点图。

【问题分析】

用散点图绘制票房与票价之间的关系。电影数据集片段见表 12.10。

表 12.10 电影数据集

排 名	影片名	类 型	票 房	票 价	场均人次	地 区	上映时间	评 分
1	赤壁(上)	战争	27490	33	41	中国	2008/7/10	8
2	画皮	爱情	20453	30	41	中国	2008/9/26	7.7
3	非诚勿扰	爱情	17641	34	62	中国	2008/12/18	6
4	功夫熊猫	动画	15150	27	36	美国	2008/6/20	6
5	功夫之王	动作	14560	32	31	美国	2008/4/24	6
6	007	动作/惊悚	12046	31	29	英国	2008/11/5	6
7	木乃伊 3	惊悚	11000	31	27	德国	2008/9/2	6
8	梅兰芳	剧情	9739	33	36	中国	2008/12/4	7.3

【参考代码】

```
plt.figure(figsize=(20,8))           #创建图形
df = pd.read_excel('cnboo1.xlsx')    #准备数据
plt.style.use('classic')             #画板主题风格
plt.figure(figsize=(9,6))
```

```
plt.rcParams['font.sans-serif']=[ 'Microsoft YaHei']    #使用微软雅黑的字体
plt.title("中国票房-票价关系")                           #标题
plt.scatter(df.PRICE,df.BO)                             #散点图
plt.grid()                                              #网格线
plt.show()
```

【运行结果】

运行结果如图 12.8 所示。

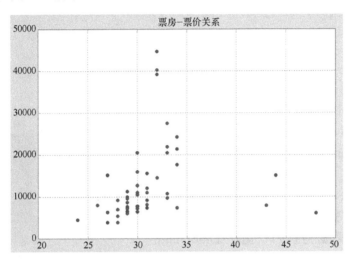

图 12.8　票房和票价散点图

【程序说明】

1）还有哪些画板主题风格？

2）票价高于 40，票房都在 20000 以下。

3）票价在 30～35 之间，票房最好。

12.3.5　城市高中人数占比饼图

1. 原理

饼图可看作极坐标形式的柱状图，用于单一定性变量的占比分析。每一块扇形的面积大小对应该类数据占总体的比例大小。

12.6　城市高中
人数占比饼图

2. 语法

```
plt.pie(x, labels=, autopct='%1.1f%%', startangle=90)
```

x：即每个扇形占比的序列或数组。

labels：设置各部分标签，列表类型。

autopct：设置圆里面的文本。

startangle：第一个扇区起始角度，默认从 0 开始逆时针旋转。

3. 快速体验

【案例 12.4】　城市高中人数占比饼图。

【问题分析】

用饼图绘制 8 个城市高中占比，并突出显示占比最大的部分。

【参考代码】

```
school_num =pd.read_csv('教育人口普查.csv',encoding='gbk')
school_num = school_num.sort_values(by = '高中',ascending =False)
labels = school_num['城市']
sizes =school_num['高中']/sum(school_num.高中)
explode = (0.1,0, 0, 0,0,0,0,0)  #突出第 2 块显示
plt.pie(sizes, labels=labels, autopct='%1.1f%%', startangle=90,
explode=explode)
plt.show()
```

【运行结果】

运行结果如图 12.9 所示。

【程序说明】

1）school_num.sort_values(by='高中', ascending = False)按"高中"字段降序排序，把占比最大部分移动到第一块。如果不排数如何实现突出显示占比最大的部分？

2）饼图的数据列要归一化：school_num['高中']/sum(school_num.高中)。

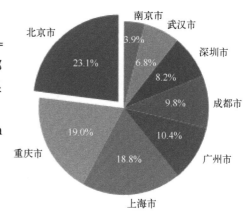

图 12.9　8 个城市高中占比分析

12.3.6　访问量折线图

1．原理

在折线图中类别数据沿横坐标均匀分布，数据沿总报表进行分布。

2．语法

1）matplotlib.pyplot.plot(x, y, color=, linestyle, label=, marker=)

x，y：表示 x 轴与 y 轴对应的数据。

color：表示折线的颜色。

linestyle：表示折线的类型。

label：数据图的内容。

marker：表示折线上数据点处的类型。

2）plt.axis([a, b, c, d])：设置 x 轴的范围为[a, b]，y 轴的范围为[c, d]。

3）plt.grid(alpha=0.4)：绘制带透明度的网格。

3．快速体验

【案例 12.5】　访问量折线图。

12.7　访问量折线图

【问题分析】

1）产生日期数据 x_data，10 月 1 日～10 月 30 日。

2）随机产生一个 50～100 之间的 30 个随机整数表示访问量的列表 y1_view，随机产生一个 100～200 之间的 30 个随机整数表示访问量的列表 y2_view。

3）绘制折线 y1_view 和折线 y2_view。

【参考代码】

```python
import random
import matplotlib.pyplot as plt

x_data = ["10 月{}日".format(i+1) for i in range(30)]
y1_view = [random.randint(50,200) for i in range(30)]
y2_view = [random.randint(100,200) for i in range(30)]
plt.figure(figsize=(20,5))
plt.plot(x_data,y1_view,linestyle="--",marker="o",markeredgecolor=
"g",fillstyle="left")
plt.plot(x_data,y2_view,linestyle="-",marker="s",markeredgecolor=
"r",fillstyle="right")
plt.xticks(rotation=45)
plt.title("访问量分析")
plt.xlabel("日期")
plt.ylabel("访问量")
plt.show()
```

【运行结果】

运行结果如图 12.10 所示。

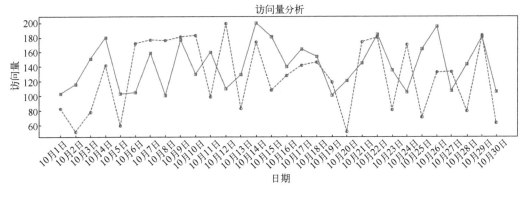

图 12.10　10 月访问量

【程序说明】

1）x 轴刻度倾斜 45°：plt.xticks(rotation=45)。

2）用列表推导式产生 30 个数据：["10 月{}日".format(i+1) for i in range(30)]。

12.3.7 箱线图发现异常值

1. 原理

箱式图显示 5 个有统计学意义的数字，分别是上界、上四分位数、中位数、下四分位数和下界。因此，它在数据延伸的可视化上非常有用，常用于离群点发现（见图 12.11）。

（1）中位数

中位数，即二分之一分位数。所以计算的方法就是将一组数据平均分成两份，取中间这个数。如果原始序列长度 n 是奇数，那么中位数所在位置是$(n+1)/2$；如果原始序列长度 n 是偶数，那么中位数所在位置是 $n/2$、$n/2+1$，中位数的值等于这两个位置的数的算术平均数。

（2）上四分位数 Q1

四分位数的求法，是将序列平均分成四份。具体的计算目前有$(n+1)/4$ 与$(n-1)/4$ 两种，一般使用$(n+1)/4$。

若有一序列长度 $n=8$，$(n+1)/4=2.25$，说明上四分位数在第 2.25 个位置数，实际上这个数是不存在的，但这个位置是在第 2 个数与第 3 个数之间。

只能假想从第 2 个数到第 3 个数之间是均匀分布的，那么第 2.25 个数=（第三个数–第二个数）25/100 +第二个数=第二个数 0.75+第三个数*0.25。

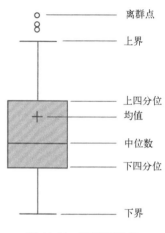

图 12.11　箱线图示意

（3）下四分位数 Q3

这个下四分位数所在位置计算方法同上，只不过是$(n+1)/4*3=6.75$，这是介于第 6 个位置与第 7 个位置之间的地方。

（4）内限

内限是上界与下界之间区域，落入内限的点为正常值。

（5）外限

外限是上界之上、下界之下的区域，落入外限的点为离群点。

2. 语法

`boxplot` 方法只是用于 DataFrame。

column：默认为 None，输入为 str 或由 str 构成的 list，其作用是指定要进行箱型图分析的列。

by：默认为 None，str or array-like，其作用为 pandas 的 group by，通过指定 by='columns'，可进行多组合箱型图分析。

fontsize：箱型图坐标轴字体大小。

grid：逻辑值，箱型图网格线是否显示。

figsize：箱型图窗口尺寸大小。

layout：必须配合 by 一起使用，类似于 subplot 的画布分区域功能。

flierprops：离群点显示方式。

return_type：指定返回对象的类型，可输入的参数为'axes''dict'或'both'，当与 by 一起使用时，返回的对象为 Series 或 array(for return_type = None)。

vert：逻辑值，False 为水平箱线图，默认 True。

3．快速体验

【案例 12.6】 从某城市二手房数据中利用箱线图发现房价异常值。

【问题分析】

所谓异常值就是在所获统计数据中相对误差较大的观察数据，也称为奇异值，狭义地定义异常值就是一批数据中有部分数据与其他数据相比明显不一致的数据，也称为离群值。

社会经济统计学中一切失实数据统称为异常值，由于人为或随机因素的影响，失实数据随时都有可能出现，因而统计数据中的任何一个都有可能成为异常值，而狭义界定的异常值是指离群值，如果把统计数据按从小到大排列，若有异常值，它必位于其数据的两端，左端称为异常小值，右端称为异常大值。

某城市二手房数据见表 12.11。

表 12.11　某城市二手房数据

序　号	中介公司	总面积 /m²	卧室数	厅　数	单价 /（元/m²）	楼　层	建造 时间	小区 名称	城　区	详细 地址	总价/ 万元
1	益正房产	105	3 室	2 厅	6476	中层（共 32 层）	2016 年	华远枫悦	城北	经开区	68
2	馨港不动产	88	3 室	2 厅	5681	中层（共 6 层）	2008 年	丹尼尔	城北	太华路	50
3	益正房产	105	3 室	2 厅	6952	低层（共 34 层）	2016 年	华远枫悦	城北	经开区	73
4	新环境房屋	118	3 室	2 厅	7542	中层（共 27 层）	2016 年	曲江香都	曲江	曲江 新区	89
5	21 世纪 不动产	127	3 室	2 厅	11811	中层（共 33 层）	2013 年	金地湖城	曲江	曲江 新区	150
6	北城地产	140	3 室	2 厅	3000	中层（共 16 层）	2015 年	北城 新天地	城北	泾河 工业园	42
7	长流房产	104	3 室	1 厅	6923	低层（共 18 层）	2006 年	海荣阳光城	城北	经开区	72
8	境商地产	357	4 室	2 厅	18207	高层（共 12 层）	2014 年	荣禾曲池	曲江	新开 门南	650
9	立诚房产	99	2 室	2 厅	7070	高层（共 18 层）	2013 年	沁水新城	城东	长乐 东路	70
10	志道不动产	90	2 室	2 厅	9777	高层（共 30 层）	2011 年	华豪丽晶	城南	省人民 医院	88
11	盛隆房产	68	2 室	1 厅	6029	高层（共 15 层）	2005 年	建苑家园	城南	省人民 医院	41
12	科创房产	85	2 室	2 厅	3764	低层（共 33 层）	2015 年	西航花园	城北	未央湖	32
13	海汇房产	118	3 室	2 厅	8898	高层（共 7 层）	2000 年	高科花园	高新	高新 四路	105
14	科创房产	85	2 室	2 厅	3764	中层（共 33 层）	2015 年	天湖名郡	城北	泾河 工业园	32

（续）

序 号	中介公司	总面积/m²	卧室数	厅 数	单价/（元/m²）	楼 层	建造时间	小区名称	城 区	详细地址	总价/万元
15	合富地产	183	4室	2厅	12841	中层（共12层）	2013 年	中铁梧桐苑	曲江	大雁塔	235
16	美居地产	113	4室	2厅	14867	共5层	2015 年	林隐天下	高新	电子城	168
17	海汇房产	118	2室	2厅	6864	高层（共26层）	2008 年	含光佳苑	高新	高新一中	81
18	鼎兴房屋	113	3室	2厅	5575	中层（共33层）	2016 年	高科绿水	城东	席王	63
19	志道不动产	113	2室	2厅	9734	中层（共26层）	2008 年	云顶园	高新	高新一中	110
20	盛隆房产	71	2室	2厅	7323	中层（共32层）	2008 年	大洋时代	高新	公交五公司	52

【参考代码】

```
import os
import pandas as pd
import matplotlib.pyplot as plt
os.chdir('D:\教材\Python\数据集')
home =pd.read_csv('二手房.csv',encoding='gbk')
home.head()
plt.style.use('ggplot')                          #设置绘图风格
plt.rcParams['font.sans-serif'] = ['Microsoft YaHei']        #处理中文乱码
plt.rcParams['axes.unicode_minus']=False              #坐标轴负号的处理
#绘制箱线图
_=plt.boxplot(x = home.price,        #指定绘图数据
            patch_artist=True,       #要求用自定义颜色填充盒形图，默认白色填充
            showmeans=True,          #以点的形式显示均值
            boxprops = {'color': 'black', 'facecolor': 'steelblue'},
#设置箱体属性，如边框色和填充色
            #设置异常点属性，如点的形状、填充色和点的大小
            flierprops = {'marker': 'o', 'markerfacecolor': 'red',
'markersize':3},
            #设置均值点的属性，如点的形状、填充色和点的大小
            meanprops = {'marker': 'D', 'markerfacecolor': 'blue',
'markersize':4},
            #设置中位数线的属性，如线的类型和颜色
            medianprops = {'linestyle': '--', 'color': 'orange'},
            labels = [''] #删除x轴的刻度标签，否则图形显示刻度标签为1
            )
```

```
plt.title('二手房单价分布的箱线图')        #添加图形标题
plt.show()
```

【运行结果】

运行结果如图 12.12 所示。

【程序说明】

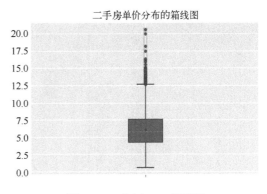

图 12.12 绘制的是二手房整体单价的箱线图，这样的箱线图可能并不常见，更多的是分组箱线图，即二手房的单价按照其他分组变量（如行政区域、楼层、朝向等）进行对比分析。下面继续使用 Matplotlib 模块对二手房的单价绘制分组箱线图，代码如下：

图 12.12　案例 12.6 箱线图

```
home=home.iloc[:50]                          #取前 50 行
#二手房在各行政区域的平均单价
import numpy as np
group_region = home.groupby('DISTRICT')
avg_price = group_region.aggregate({'price':np.mean}).sort_values
('price', ascending = False)
#print(avg_price)
#print(avg_price.index)
#通过循环，将不同行政区域的二手房存储到列表中
region_price = []
for region in avg_price.index:
    region_price.append(home.price[home.DISTRICT ==region])
#绘制分组箱线图
_=plt.boxplot(x = region_price,      #指定绘图数据
        patch_artist=True,           #要求用自定义颜色填充盒形图，默认白色填充
        labels = avg_price.index,    #添加 x 轴的刻度标签
        showmeans=True,              #以点的形式显示均值
        boxprops = {'color':'black', 'facecolor':'steelblue'},
        flierprops={'marker':'o','markerfacecolor':'red',
'markersize':3},
        meanprops={'marker':'D','markerfacecolor':'blue',
'markersize':4},
        medianprops = {'linestyle':'--','color':'orange'}
        )
plt.ylabel('单价（元）')                              #添加 y 轴标签
```

```
plt.title('不同行政区域的二手房单价对比')          #添加标题
plt.show()
```

运行结果如图 12.13 所示。

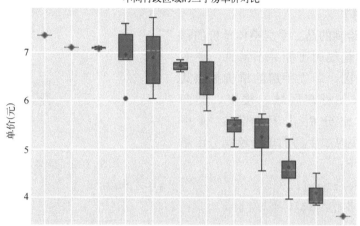

不同行政区域的二手房单价对比

图 12.13　不同行政区域的二手房单价对比

12.3.8　空气质量热力图

12.9　空气质量
热力图

1．原理

热力图是一种通过对色块着色来显示数据的统计图表。绘图时，需指定颜色映射的规则。例如较大的值由较深的颜色表示，较小的值由较浅的颜色表示；较大的值由偏暖的颜色表示，较小的值由较冷的颜色表示等。

从数据结构来划分，热力图一般分为两种。第一，表格型热力图，也称色块图。它需要 2 个分类字段和 1 个数值字段，分类字段确定 x、y 轴，将图表划分为规整的矩形块。数值字段决定了矩形块的颜色。第二，非表格型热力图，或称平滑的热力图，它需要 3 个数值字段，可绘制在平行坐标系中（2 个数值字段分别确定 x、y 轴，1 个数值字段确定着色）。

热力图适合于查看总体的情况、发现异常值、显示多个变量之间的差异，以及检测它们之间是否存在任何相关性。

2．语法

1）`invert_yaxis()`：使用 Matplotlib 绘制可视化图形时，轴刻度默认都是从小到大显示，在某些特殊情况下需要将 x 轴或 y 轴反转进行可视化。invert_xaxis()将 x 轴反转。

2）`xaxis.tick_top()`：设置 x 轴刻度位置。

3）`set_xticklabels()`：定义刻度标签，set_xtick()定义刻度位置。

3．快速体验

【**案例 12.7**】　空气质量热力图。

【问题分析】

（1）空气质量数据获取

这里从 akshare 库的接口直接获取北京市历史空气质量数据，如图 12.14 所示。

图 12.14 空气质量数据网站

需要安装 akshare 模块：

```
!pip3 install akshare -i https://pypi.tuna.tsinghua.edu.cn/simple
```

然后通过 API 获取数据。通过 API 访问数据是一种常用方法，只要导入相应的模块即可，本案例的 API 在模块 akshare 中。

```
import akshare as ak
air_quality_hist_df = ak.air_quality_hist(city="北京", period="hour",
start_date="20200425", end_date="20200427")
print(air_quality_hist_df)
```

（2）数据预处理

由于绘制热力图 x 轴是日期(1~31)，y 轴是年月，因此需要对原数据进行宽表转化和一些简单的预处理。

```
#2.数据预处理
#复制并进行索引重置
df=air_quality_hist_df[['aqi']].copy()
df.reset_index(inplace=True)
#将time字段改为时间格式
df.time=pd.to_datetime(df.time)
#新增年月字段，内容为x年x月，如2021年3月，为字符串格式
df['年月']=df.time.apply(lambda x:x.strftime('%Y{y}%m{m}').format
(y="年",m="月"))
#新增日期字段，内容为1~31
```

```
df['日期']=df['time'].dt.day
#做透视处理，将长表转化为宽表
data=pd.pivot(df,values='aqi',index='年月',columns='日期')
```

pandas.pivot(index，columns，values)函数根据 DataFrame 的 3 列生成数据透视表。使用索引/列中的唯一值并填充值。参数如下。

索引[index]：用于制作新框架索引的标签。

列[columns]：用于制作新框架列的标签。

值[values]：用于填充新框架值的值。

返回：DataFrame。

Exception:如果有重复项，则会引发 ValueError。

```
#转化后部分月份不存在部分日期，默认为 nan 值，需要转化为数字格式 float（无法转化为 int）
data=data.astype('float')
#按照索引年月倒序排序
data.sort_index(ascending=False,inplace=True)
data.head()
```

（3）热力图绘制

使用 seaborn 模块 heatmap()方法。

【参考代码】

```
#1.获取北京空气质量
import akshare as ak
air_quality_hist_df = ak.air_quality_hist(city="北京", period="day",
start_date="20210101", end_date="20220101")
print(air_quality_hist_df)
#2.数据预处理
#复制并进行索引重置
df=air_quality_hist_df[['aqi']].copy()
df.reset_index(inplace=True)
df.time=pd.to_datetime(df.time)    #将 time 字段改为时间格式
df['年月']=df.time.apply(lambda x:x.strftime('%Y{y}%m{m}').format
(y="年",m="月"))    #新增年月字段，内容为 x 年 x 月，为字符串格式
df['日期']=df['time'].dt.day        #新增日期字段，内容为 1~31
#做透视处理，将长表转化为宽表
data=pd.pivot(df,values='aqi',index='年月',columns='日期')
data=data.astype('float')    #转化后部分月份值为 nan 值，需要转化为 float 格式
data.sort_index(ascending=False,inplace=True)    #按照索引年月倒序排序
data.head()
```

```
#3.绘制热力图
import seaborn as sns
import matplotlib.colors as mcolors
plt.rcParams['font.family']=[ 'Microsoft YaHei']      #设置全局默认字体为雅黑
#plt.rcParams["axes.labelsize"]=14                #设置全局轴标签字体大小
sns.set_style("darkgrid",{"font.family":['Microsoft YaHei', 'SimHei']})
plt.figure(figsize=(18,8),dpi=100)                #设置画布长宽和 dpi
cmap=mcolors.LinearSegmentedColormap.from_list("n",['#95B359',
'#D3CF63', '#E0991D', '#D96161', '#A257D0', '#7B1216'])#自定义色卡
ax = sns.heatmap(data,cmap=cmap,vmax=None,annot=True,fmt='0.1f' ,
linewidths= 0.5,)                                 #绘制热力图
ax.set_title(label='北京 1 月空气质量 AQI',fontdict={'fontsize':16})
ax.xaxis.set_ticks_position('top')                #将 x 轴刻度放在最上面
plt.show()
```

【运行结果】

运行结果如图 12.15 所示。

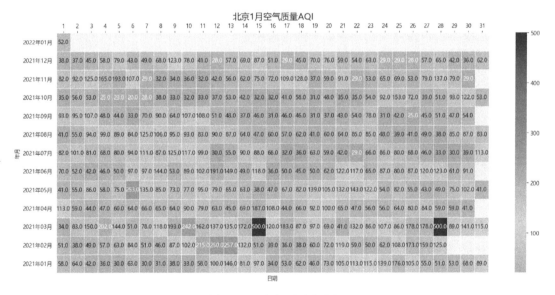

图 12.15 空气质量热力图

12.3.9 员工能力雷达图

1. 原理

雷达图适用于指标多、记录少的数据。雷达图也称为网络图、蜘蛛图、星图、蜘蛛网图、不规则多边形、极坐标图或 Kiviat 图。

12.10 员工能力雷达图

雷达图是对企业经营情况进行系统分析的一种有效方法。这种方法是从企业的经营收益性、安全性、流动性、生产性以及成长性五个方面分析企业的经营成果，并将这五个方面的有关数据用比率表示出来，填写到一张能表示各自比率关系的等比例图形上，再用彩笔连接各自比率的节点后形成的，形状恰似一张雷达图表。

2. 语法

1）`np.concatenate` 是 numpy 中对 array 进行拼接的函数，使用方法如下：

```python
import numpy as np
x1 = np.random.normal(1,1,(5,4))
x2 = np.random.normal(1,1,(3,4))


print(x1)
print(x1.shape)
print(x2)
print(x2.shape)


con = np.concatenate([x1,x2],axis=0)
print(con)
print(con.shape)
```

输出结果如下：

```
[[ 2.22806658  0.15277615  2.21245262  1.63831116]
 [ 1.30131232 -1.09226289 -0.65959394  1.16066688]
 [ 1.52737722  0.84587186  1.53041503  0.4584277 ]
 [ 1.56096219  1.29506244  3.08048523  2.06008988]
 [ 1.79964236  0.95087117  1.30845477 -0.2644263 ]]
(5, 4)
[[0.89383392 1.49502055 2.90571116 1.71943997]
 [1.44451535 1.87838383 1.4763242  0.82597179]
 [0.72629108 1.42406398 1.35519112 0.58121617]]
(3, 4)
[[ 2.22806658  0.15277615  2.21245262  1.63831116]
 [ 1.30131232 -1.09226289 -0.65959394  1.16066688]
 [ 1.52737722  0.84587186  1.53041503  0.4584277 ]
 [ 1.56096219  1.29506244  3.08048523  2.06008988]
 [ 1.79964236  0.95087117  1.30845477 -0.2644263 ]
 [ 0.89383392  1.49502055  2.90571116  1.71943997]
 [ 1.44451535  1.87838383  1.4763242   0.82597179]
 [ 0.72629108  1.42406398  1.35519112  0.58121617]]
```

```
(8, 4)
```

　　axis 参数为指定按照哪个维度进行拼接，上述例子中 x1 为[5,4]，x2 为[3,4]，设置 axis=0 则代表着按照第一维度进行拼接，拼接后的尺寸为[8,4]。除了第一维度的尺寸发生变化，其他维度不变，同时也说明，必须保证其他维度的尺寸是能对得上的，如果 x1 为[5,4]，x2 为[5,3]，在这里如果还设置 axis=1，则会报错，因为 x1 和 x2 的第二维度尺寸不相等，无法拼接。

　　按照 axis=1 的维度进行拼接，实例如下：

```python
import numpy as np
x1 = np.random.normal(1,1,(5,4))
x2 = np.random.normal(1,1,(5,2))


print(x1)
print(x1.shape)
print(x2)
print(x2.shape)


con = np.concatenate([x1,x2],axis=1)
print(con)
print(con.shape)
```

输出结果如下：

```
[[ 1.06700795  2.49432822  0.13721596  0.86647501]
 [-0.24454185  0.83414428  2.06012125 -0.63322426]
 [ 2.01993142 -0.27599932  1.9101389   1.92564214]
 [ 0.12627442  0.97560762  2.00993226  2.02754602]
 [ 0.23883256  1.4805339  -0.83029287  1.37207756]]
(5, 4)
[[ 0.67988459  2.46464482]
 [ 1.19166015  2.16522311]
 [ 1.41193468 -0.01165058]
 [ 0.62496307  1.05706225]
 [ 0.85055712 -0.09588572]]
(5, 2)
[[ 1.06700795  2.49432822  0.13721596  0.86647501  0.67988459  2.46464482]
 [-0.24454185  0.83414428  2.06012125 -0.63322426  1.19166015  2.16522311]
 [ 2.01993142 -0.27599932  1.9101389   1.92564214  1.41193468 -0.01165058]
 [ 0.12627442  0.97560762  2.00993226  2.02754602  0.62496307  1.05706225]
 [ 0.23883256  1.4805339  -0.83029287  1.37207756  0.85055712 -0.09588572]]
```

(5, 6)

这个例子中的 x1 为[5,4]，x2 为[5,2]，按照 axis=1 进行拼接，拼接后的尺寸为[5,6]。

2）`np.linspace(start, stop, num, endpoint)`是一个可以生成等间距数组的函数，是很用的，参数含义如下：

start 和 stop 为起始和终止位置，均为标量。

num 为包括 start 和 stop 的间隔点总数，默认为 50。

endpoint 为 bool 值，为 False 时将会去掉最后一个点计算间隔。

3）`fig.add_subplot(abc, polar=)`

abc：图的位置（见图 12.16），其中，a×b 表示图的布局，c 表示图的位置编号。

polar：逻辑值，为 True 时为极坐标，雷达图坐标系是极坐标。

221	222
223	224

图 12.16 2×2 布局图的位置编号

4）`plt.plot(x,y,fmt=,scalex=, scaley=)`

x：x 轴数据，默认为 range(len(y))。

y：y 轴数据。

fmt：字符串，例如 "ro" 代表红圈。

scalex，scaley：逻辑值，默认为 True，确定视图限制是否适用于数据限制。

5）`plt.fill(x,y,data=)`

x，y：定义多边形或曲线的边界。

data：表示可索引对象。

3．快速体验

【案例 12.8】 员工能力雷达图。

【问题分析】

活动前和活动后是两条极坐标系下封闭折线。

【参考代码】

```
#构造数据
values = [3.2,2.1,3.5,2.8,3]
values2 = [4,4.1,4.5,4,4.1]
feature = ['个人能力', 'QC知识', '解决问题能力', '服务质量意识', '团队精神']
N = len(values)
#设置雷达图的角度，用于平分切开一个圆面
angles=np.linspace(0,2*np.pi,N,endpoint=False)    #np.pi返回3.1415926

#将雷达图中的折线图封闭
values=np.concatenate((values,[values[0]]))  #返回[3.2,2.1,3.5,2.8,3,3.2]
values2=np.concatenate((values2,[values2[0]]))
angles=np.concatenate((angles,[angles[0]]))
```

```
feature=np.concatenate((feature,[feature[0]]))

fig=plt.figure(figsize=(20,8),dpi=80)
ax = fig.add_subplot(111, polar=True)
_=ax.plot(angles, values, 'o-', linewidth=2, label = '活动前')  #绘制折线图
ax.fill(angles, values, alpha=0.25)    #填充颜色
_=ax.plot(angles, values2, 'o-',linewidth=2,label='活动后')  #第二条折线图
_=ax.fill(angles, values2, alpha=0.25)
_=ax.set_thetagrids(angles*180/np.pi, feature)      #添加每个特征的标签
_=ax.set_ylim(0,5)                      #设置雷达图的范围
_=plt.title('活动前后员工状态表现')              #添加标题
ax.grid(True)                           #添加网格线
_=plt.legend(loc = 'best')              #设置图例
plt.show()
```

【运行结果】

运行结果如图 12.17 所示。

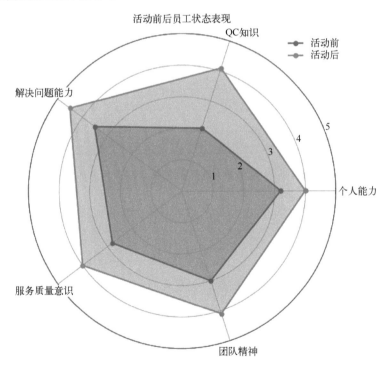

图 12.17　员工能力雷达图

【程序说明】

1）图例标签可以在 plt.legend(loc = 'best')方法中指定，也可通过绘图语句 label 参数指定，本例是后者。

2）np.linspace()产生的间隔是极坐标的刻度。

12.3.10　产品销量树形图

12.11　产品销量树形图

1．原理

树形图是用于展现有群组、层次关系的比例数据的一种分析工具，它通过矩形的面积、排列和颜色来显示复杂的数据关系，并具有群组、层级关系展现的功能，能够直观地体现同级之间的比较。

2．语法

1）需要安装 squarify 模块：!pip install squarify。

2）squarify 函数参数 pad 设置矩形之间是否用边界分离。

3．快速体验

【案例 12.9】　产品销量树形图。

【问题分析】

使用树形图展示如表 12.12 所示的数据。

表 12.12　2022 年某企业销售数据

地　　区	销售总金额/元	占　　比	销售单价/元	销售量/台
华南	854900	28	180	4749
华北	218200	7	160	1364
华东	418800	16	170	2834
西南	517002	17	140	3693
西北	250006	8	100	2500
东北	698080	23	170	4106

关键是选好三列：树形图块大小、块标签和块标签对应的值。

【参考代码】

```
import squarify
data = pd.read_csv('产品销量.csv',encoding='gbk')
plt.figure(figsize=(20,8))
colors=['steelblue','red','indianred','green','yellow','orange']        #颜色
plot=squarify.plot(
    sizes=data.占比,                          #指定绘图数据
    label=data.地区,                          #标签
    color=colors,                            #指定自定义颜色
    alpha=0.6,                               #指定透明度
    value=data.销售总金额,                     #添加数值标签
    edgecolor='w',                           #设置边界框白色
    linewidth=8                              #设置边框宽度为3
```

```
)
plt.rc('font',size=15)                   #设置标签大小
plot.set_title('2022 年企业销售额情况',fontdict={'fontsize':15})
plt.axis('off')                          #去除坐标轴
plt.tick_params(top='off',right='off')   #去除上边框和右边框刻度
plt.show()
```

【运行结果】

运行结果如图 12.18 所示。

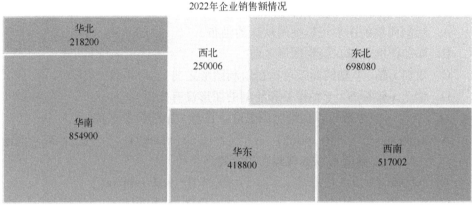

图 12.18 产品销售树形图

【程序说明】

1）树形图需要去掉坐标轴：plt.axis('off')。

2）树形图需要去掉刻度：plt.tick_params(top='off',right='off')。

3）树形图块字体大小：plt.rc('font',size=15)。

12.4 本章小结

1）数据可视化既是一门技术，又是一门艺术。

2）了解图表的使用建议。

3）掌握柱状图的绘制和应用场景。

4）掌握直方图的绘制和应用场景。

5）掌握散点图的绘制和应用场景。

6）掌握饼图的绘制和应用场景。

7）了解折线图的绘制和应用场景。

8）了解热力图的绘制和应用场景。

9）了解雷达图的绘制和应用场景。

10）了解树形图的绘制和应用场景。

习题 12

一、选择题

1. Matplotlib 中的所有图像都是位于 figure 对象中，一个图像可以有（　　）个 figure 对象。

    A. 4   B. 3   C. 2   D. 1

2. 利用下列（　　）可视化绘图可以发现数据的异常点。

    A. 饼图   B. 箱线图   C. 直方图   D. 柱状图

3. 以下关于绘图标准流程说法错误的是（　　）。

    A. 绘制简单的图形可以使用默认的画布

    B. 添加图例可以在绘制图形之前

    C. 添加 x 轴、y 轴的标签可以在绘制图形之前

    D. 修改 x 轴标签、y 轴标签和绘制的图形没有先后

4. 以下（　　）函数可以在绘制图表时，设置 x 轴的标签名称。

    A. xlim()   B. ylim()   C. xlabel()   D. xticks()

5. 以下（　　）函数可以实现画布的创建。

    A. subplots( )   B. add_subplot( )

    C. figure( )   D. subplot2grid( )

6. （　　）通过对色块着色来显示数据的统计图表。

    A. 热力图   B. 散点图   C. 箱线图   D. 直方图

7. 下面（　　）不属于雷达图。

    A. 星图   B. 蜘蛛网图   C. 箱线图   D. 极坐标图

8. （　　）通过矩形的面积、排列和颜色来显示复杂的数据关系，并具有群组、层级关系展现的功能，能够直观地体现同级之间的比较。

    A. 热力图   B. 雷达图   C. 树形图   D. 直方图

9. （　　）是以宽度相等的柱形高度的差异来显示统计指标数值大小的一种图形。

    A. 柱状图   B. 雷达图   C. 树形图   D. 直方图

10. （　　）也叫 X-Y 图，它将两个连续数据字段的所有数据，以点的形式展现在直角坐标系上，以显示变量之间的相互影响程度，点的位置由变量的数值决定。

    A. 热力图   B. 散点图   C. 树形图   D. 直方图

二、填空题

1. Matplotlib 中的所有图像都是位于（　　）对象中。

2. figure 对象下创建（　　）个 subplot 对象用于绘制图像。

3. 数据可视化可以洞察统计分析无法发现的结构和（　　）。

4. （　　）可看作极坐标形式的柱状图，用于单一定性变量的占比分析。每一块扇形的面积大小对应该类数据占总体的比例大小。

5．（　　　）可显示随时间而变化的连续数据，常用于分析相等时间间隔下数据的发展趋势。

三、判断题

1．数据可视化是为了看上去绚丽多彩。（　　　）

2．Matplotlib 是 Python 中最受欢迎的数据处理模块之一。（　　　）

3．Matplotlib 通常与 NumPy、Pandas 一起使用。（　　　）

4．数据可视化处理可以洞察统计分析无法发现的结构和细节。（　　　）

5．数据可视化处理结果的解读对用户知识水平的要求较低。（　　　）

四、编程题

1．绘制一个二维随机漫步的图形。

先生成 1000 个随机漫步方向，方向是从 {-1, 0, 1} 中随机挑两个值（两个值也可相等）作为移动方向，所以每次移动有 3×3=9 种选择，初始位置也是 9 种选择，cumsum 函数是将每次的移动累加，最后通过 plot 画出来。

2．根据表 12.13 中数据写出绘制散点图相应代码。

表 12.13　编程题 2 数据

序　号	height	weight
1	58	115
2	59	117
3	60	120
4	61	123
5	62	126

五、简答题

1．简述数据可视化意义。

2．简述数据可视化的主要应用场景。

参 考 文 献

[1] 埃里克·马瑟斯.Python 编程从入门到实践[M].袁国忠，译. 2 版. 北京：人民邮电出版社，2020.

[2] 明日科技.Python 从入门到精通[M]. 2 版. 北京：清华大学出版社，2021.

[3] 刘艳，韩龙哲，李沫沫.Python 机器学习：原理、算法及案例实战（微课视频版）[M]. 北京：清华大学出版社，2021.

[4] 王宇韬，吴子湛. 零基础学 Python 网络爬虫案例实战全流程详解：入门与提高篇[M]. 北京：机械工业出版社，2021.

[5] 刘庆，姚丽娜，余美华. Python 编程案例教程[M]. 北京：航空工业出版社，2019.

[6] 黑马程序员.Python 程序开发案例教程[M]. 北京：中国铁道出版社，2019.

[7] 闫俊伢.Python 编程基础[M]. 北京：人民邮电出版社，2016.

[8] 张宗霞.Python 程序设计案例教程[M]. 北京：机械工业出版社，2021.